这样战胜你自己

刘川◎编著

中国华侨出版社

图书在版编目（CIP）数据

这样战胜你自己 / 刘川编著. —北京：中国华侨出版社，
2015.1（2021.4重印）

ISBN 978 - 7 - 5113 - 5132 - 6

Ⅰ.①这… Ⅱ.①刘… Ⅲ.①成功心理 - 通俗读物
Ⅳ.①B848.4 - 49

中国版本图书馆 CIP 数据核字（2015）第 013673 号

● 这样战胜你自己

编 著/	刘 川	
责任编辑/	文 蕾	
封面设计/	纸衣裳書裝·孙布前	
经 销/	新华书店	
开 本/	710 毫米 × 1000 毫米　1/16　印张 18　字数 220 千字	
印 刷/	三河市嵩川印刷有限公司	
版 次/	2015 年 4 月第 1 版　2021 年 4 月第 2 次印刷	
书 号/	ISBN 978 - 7 - 5113 - 5132 - 6	
定 价/	48.00 元	

中国华侨出版社　　北京朝阳区静安里 26 号通成达大厦 3 层　　邮编 100028
法律顾问：陈鹰律师事务所
编辑部：（010）64443056　　64443979
发行部：（010）64443051　　传真：64439708
网　址：www.oveaschin.com
e - mail：oveaschin@ sina. com

前言

　　人生真是个奇妙的旅程，我们会见到形形色色、各种各样的人，有些会成为我们的朋友，成为我们的同道中人，而有些将会成为我们的对手。那么究竟谁才是我们的"头号对手呢"？他应该是一个强大的对手，以至于我们要花费很大力气和精力去与他斗争。这个对手是无形的，一开始的时候我们经常感觉他是别人，并将心中种种的怨恨倾注在对方的头上，但当我们看清他的本来面目时，才发现原来那个人就是自己。

　　一面是成功、快乐、幸福，一面是失败、沮丧、懊恼，我们的每一天都是在这两者之间不停地游离徘徊。尽管我们知道什么是好的、什么是不好的，但心中总是无法避免那种敌我一般的较量。明明希望微笑面对身边的每一个人，可是在关键时刻，却有意地板起自己的脸。明明知道竞争需要公平，可在利益的驱使下，很多人也经常会不择手段。有的时候我们不知道究竟应该何去何从，不知道究竟是什么东西在自己的心里作怪。

　　其实，每个人都有着善良的一面，但同时也都具备着一种元素，这种元素就是我们要面对的"头号对手"。不管是消极、堕落、腐化，还是悲观、忌妒、绝望，究其根源，总是能和我们这位"头号对手"联系在一起，总是会在不经意间影响到我们的思想、行为，甚至前途。其破坏力是巨大的，在其影响下我们会因此而迷茫，不知道希望究竟在哪里。

那么有没有办法彻底战胜这个"头号对手"呢？我们不能就这样坐以待毙。是的，战胜这个"头号对手"已经势在必行、迫在眉睫。只要你拿出自己十足的勇气和耐心，就一定能将其驱逐出自己幸福的人生堡垒。

本书以帮你揭开"头号对手"的真面目，找到自己长久以来困惑的根源为主线。从准备到行动，从进攻到防守，从思想到路线，层层分析，步步深入，力求能够帮助读者在对"头号对手"有了正确认识的同时，掌握消灭它们的必胜武器，在不断地挑战自我中，实现自身更高的人生价值，成为最终的胜利者。

目录

第一章　擦亮眼睛
——看清谁才是你的"头号对手"

面对人生的对手，所有人都会选择反抗，但当我们拿起武器的时候却不知道应该把矛头指向谁。如果你正面临这样的困惑，请暂时别急着战斗，给自己几分钟思考一下，究竟谁才是自己的"头号对手"，而你又该怎样应对他的突然袭击呢？

第二章　深思熟虑
——找到对手的那些坏习惯

有句话说得好："磨刀不误砍柴工。"要想将心中的这个"头号对手"彻底清除出自己的领地，你首先要做的就是擦亮你的眼，还事情本来面貌，找到最准确的反击位置，这是战胜"头号对手"要做的头等大事，我们必须要为今后的胜利做好充分的准备。

第三章 屏住呼吸
——发现对手的性格脸谱

对手是强大的，想在这场势均力敌的战斗中取得胜利，彻底地战胜这个你心中的"头号对手"，你必须要经受住"高压"的考验。不管它的魔掌多么强大，不管前方的路多么艰辛，不要害怕，用你的耐性告诉它，这场对决笑到最后的一定是你。

第四章 找对方向
——绕开对手潜藏的“陷阱”

战斗是残酷的，也是充满悬疑的，在这场善与恶、美与丑的较量中，作为我们“头号对手”，它总是会演变出千变万化的花招和策略，诱使你踏进那早已铺好的陷阱和阵台。为此，我们一定要始终坚定自己的方向，用智慧和微笑告诉它，这一切在你的身上不会发挥任何作用。

第五章　摆正思路
——蛛丝马迹巧辨对手的弱点

尽管你很想马上将这个"头号对手"消灭，但你绝不能让自己的心理只有仇恨。如果你将这个对手的形象随着憎恨不断膨胀，那反而是在助长其"罪恶"的气焰。所以，如果你真的想彻底战胜它，就要学会无视它的存在，以一种必胜心态，迎接它彻底败落的那一天。

目录

第六章　轻装上阵
——将对手远远地抛在身后

当你在前方打得热火朝天，最担心的事情就是后院起火。尽管你已经小心翼翼，但也很难说对手不会从台前绕到幕后去操控你。为了不被对手干扰，你一定要学会轻装上阵，以专注和勇气作为自己的有力武器，将深藏在背后的幕后"黑手"远远地抛在身后。

第七章 坚定信念
——扫清前进的障碍

别急着找盟友，尽管有的时候你很需要帮助。有人说："这个世界上没有永恒的朋友。"当双方在利益上有了分歧，谁能保证他不会成为"头号对手"的帮凶呢？为了将前进的障碍一扫而空，你必须养成只相信自己的好习惯。

目录

第八章　奋起拼搏
——不让对手阻碍你成功

　　昨天的成败只属于昨天，关键是今天你应该怎样应对。面对这个"头号对手"，你必须选择奋起拼杀，决不能让失败的过去阻碍你成功。告诉自己，你是最棒的，你一定能战胜让你困扰已久的对手。

第一章 擦亮眼睛

——看清谁才是你的『头号对手』

　　面对人生的对手，所有人都会选择反抗，但当我们拿起武器的时候却不知道应该把矛头指向谁。如果你正面临这样的困惑，请暂时别急着战斗，给自己几分钟思考一下，究竟谁才是自己的"头号对手"，而你又该怎样应对他的突然袭击呢？

谁是你的"头号对手"

我们总是担心自己的对手会越来越多，总是担心他们会在不经意间偷袭我们的弱点。我们总是会莫名其妙地感到不安，不知道该如何进攻、如何防守。其实你没有必要大惊小怪，有道是"擒贼先擒王"，想解决内心的这些困惑，你必须先解决其中的主要矛盾，搞清楚，谁才是你先要摆平的"头号对手"。

人的一生多少都会有些波澜，尽管有人说相识就是缘分，但这并不能代表我们遇到的每一个人都可以成为自己的朋友。当我们从幼稚一点点地成熟起来，当我们成为了社会竞争的参与者，身边的对手也就慢慢多了起来，这时候，很多人的内心就开始焦躁不安，担心来担心去，却不知道自己在担心什么。我们戴上了生活的面具，看惯了世间的尔虞我诈，为了生存，有时也不择手段。尽管心理上是拒绝的，尽管我们内心也有一种强烈的负罪感，但是最终我们还是做出了妥协，整日整夜守着那颗不安分的灵魂，不知道自己的明天将会是一个什么样子。

如今这个时代，有这样心理问题的人比比皆是。许多人都会有这样的感觉：知道诱惑的后面很可能存在着陷阱，可就是不由自主地想往前走！本来生活过得美满如意，有时却因为各种各样的小烦恼而心理失衡甚至愤怒绝望！经过艰辛努力即将达到成功的彼岸时，却因为一点点小事没考虑周全而功亏一篑！其实，这一切都是有根源的，想解决这些心理上和精神上的负累，我们首先就要找到引发这一系列心理反应的主要元凶，找到事情的根源，抓住事情的主要矛盾。这是我们人生是否能得到幸福的关键，也是我们要摆平的头号"对手"。

那么这个头号"对手"究竟是谁呢？这是我们首先需要搞清楚的一件事情。俗话说得好："知己知彼，百战不殆。"想摆平这个头等大敌，我们就一定要看清他的真面目。很多人会猜测他一定是离自己很近的某个人，成心跟自己过不去，但事实上这个人却并不存在，认真地审视一番，才发现，这个人不是别人就是我们自己。

人最大的对手就是自己，最难战胜的也是自己。我们的一生都在与自己作战。有时，它给你打了一剂鸡血，让你陡然兴奋、雀跃，仿佛站在云端，似乎已拥有一切，自信满满、踌躇满志、意气风发，觉得自己可以征服世界；可转眼间，它又给你泼了盆冷水，让你的心情一瞬间跌到谷底，一种虚无感将你湮没，你觉得自己一无是处，孤独寂寞，空虚无聊，无能无助，不仅一根稻草可以让你沉入水底，一粒尘埃都可以把你压垮。其实，人的一生，每天都在善与恶、美与丑间纠结，我们的弱点和缺陷往往总会被心中罪恶的一面利用，它们总是顽固地侵蚀着我们的希望，制造出自卑、失落、忌妒、狂躁等一系列的负面情绪，不断地干扰着我们的思想、行为，甚至是我们的前途。

既然找到了元凶，我们就要对症下药，从症结里解脱出来，重新找到那个属于自己的真我，让自己的友善、快乐、梦想等一系列的正面情绪散发出别样的光彩。无数成功人士的奋斗经历证明，成功的过程，恰恰是克服自身弱点的过程。亚历山大、拿破仑因身材矮小而一度自卑，可最终他们战胜自己，在政治上获得辉煌成就；苏格拉底、伏尔泰曾经为失败自暴自弃，可后来他们走出低谷，在学术领域大放光芒；希区柯克和卡夫卡经常要和懦弱焦虑的性格特点作斗争，最后他们都找到了最适合自己的方向，摘取了电影和文学艺术殿堂的桂冠。伟大的生命其实就是一部奋斗史，能够克服自身的弱点就可以获得巨大的成就。我们读一些名人的传记，从中不难发现，他们的优秀品格和一生的辉煌成就，从某种意义上来说，都是因为克服了与生俱来的一些弱点。弱者面对自身的弱点只会自艾自怨、自我毁灭，而强者则是奋发图强、勇于克服。

有人认为成功就是腰缠万贯，金钱想怎么花就怎么花；有人认为成功就是地位显赫，可以光宗耀祖、呼风唤雨；有人认为成功就是桃李满天下；有人认为成功就是自己成为所在行业的领军人物。总体来说，就是做老大。这些仅仅是成功的外在表象，对人来说，最大的成功就是不断地战胜自我，战胜自己的贪欲，战胜自己的恐惧，战胜自己的犹豫，战胜自己的笨拙，战胜自己的悲伤，战胜自己的狂妄，战胜自己的懦弱，当然也包括战胜自己的内心。

由此看来，阻碍在我们面前的"头号对手"，就是我们自己。想改变命运，首先就需要我们拿出战胜自己的勇气。将抱怨、浮躁、犹豫、冲动、贪婪、自卑、自暴自弃、丧失勇气、没有耐心、不能坚持原则，这些伤害我们的壁垒从我们的世界里统统清除。每个人的成功都是在不断战胜自我、超越自我中实现的。只要你能够认清自己，不断挑战自我，就一定能摆平站在你面前的这个"头号对手"，就一定能够做到所向无敌！

人生最强大的对手就是自己，最大的挑战就是挑战自己。自己肯定自己，是一种意志的胜利；自己征服自己，是一种灵魂深处的提升；自己控制自己，是一种理智的成功；自己超越自己，是一种人生的成熟；自己创造自己，是一种心理境界的升华。凡是能够肯定自己、征服自己、控制自己、创造自己、超越自己的人，就具备了足够的力量战胜"头号对手"给我们带来的艰难、挫折和不幸，最终赢得属于自己的胜利果实。

审视自己是征程的第一步

俗话说："人无完人，金无足赤。"审视，是一种积极的自我超越。正如每日照镜子一样，没有审视地活着，实际上是对自我存在极大不负责任的纵容。既然我们已经清楚自己的"头号对手"就是自己本身，就要审视自己。没有审视，就没有发现。在痛苦中审视，你会发现孤独的自己；在闲适时审视，你会发现无知的自己；在安逸中审视，你会发现沦落的自己。

审视自我，目的在于对自己有个正确的了解，即自己到底是一个什么样的人，从而决定下一步的行动，做到行之有效、言之得体，收到事半功倍的效果。那么，我们要如何审视自我呢？

1. 审视自己，首先要把自己全方位展开，做一次灵魂上的检阅，然后痛快淋漓地向浅薄的自我、虚伪的自我乃至卑劣的自我告别。审视的过程，是在寻找人性中的痼疾；而审视的结果，则是要割去这些灵魂上的肿瘤。"横看成岭侧成峰，远近高低各不同。"由于审视的角度和方式的改变，一个问题就会以不同的侧面展示给你。因此，你没有理由因清贫而责备世道沧桑，也没有理由在受到生活的重创后埋怨命运多舛。说到底，能够拯救你的唯有你自己。

2. 审视自己，合理的眼光应该是挑剔的，甚至是怀疑的。因为只有在这种接近否定的氛围里，事物才会是发展的、前进的。但这种挑剔不应严酷，更不应残忍。不然，即使审视了，其结果也只会是一种打击、一种伤害。这样做，无疑是对审视的初衷的严重背离。

英国 18 世纪诗人亚历山大·蒲柏有一句名言："人类正当的研究对象就是自己本身。"

"当我历数了人类在艺术上和文学上所发明的那许多神妙的创造，然后再回顾一下我的知识，我觉得自己简直是浅陋至极。"相信，每个人读到伽利略的这句话时，内心都会产生一种强烈的震撼。作为一名为真理而献身的科学家，其慎独的人格魅力足以给后人树起一面正确认识自己的镜子，他让我们学会正确地评价自己、正确地对待自己取得的成绩。

大凡有思想的人都会像伽利略那样做的，因为只有不断审视自己，才能更好地发现自己的不足，才会有弥补不足的想法和行动，才会有进步和提高。哲学家朱舜水的"盈者，不损何为？慎之，慎之！"也许是对审视自己的最好诠释吧。

在这个物欲横流的社会，有多少人能有这样的修养和境界？许多人喜欢夸大自我，稍微做出了些成就就忘乎所以，找不到北了，哪里还有心思去审视自己？

其实，这样那样的自满更多地体现在工作上。因为心里装满了自己，所以做之前总要先计算一下自己的利益。总认为这个年代，要想不带功利是很难的，以这样的心态去对待工作，又怎能做到全身心地投入？不足在事后自己固然也能看得到，反思有时也在进行，但更多的不是体现在如何积极地工作上，而是表现在对生活无奈的叹息上。

一个人要想在人生这条曲折的路上走好，必须要学会审视自己，这样才能轻松地行走，才会有理解、有宽容、有仁爱，才会不同凡响。

审视自己，就像浩瀚的大漠审视变幻的苍天，就像残败的古堡审视沉重的背影，就像垂暮的老者审视多舛的命运，就像壮美的山河审视变迁的历史。

审视，是一种积极的自我超越。正如每日照镜子一样，没有审视地活着，实际上是对自我存在的极不负责的纵容。如果你是一棵小树，就不要争做一片山林；如果你是一滴水珠，就不要争做一片汪洋。

在低沉的时候，不要用太过悲伤的眼光审视自己；在昂扬的时候，也不要用太过乐观的眼光审视自己。前者容易使自己流于自卑，后者容易使自己走向骄狂。审视门己，要有合适的尺度，

7

否则就会走向极端。要么是处于目空一切的狂态，要么是陷入消极无能的冰点。

学会了审视自己，也就懂得了审视周围。于是，作为个体的自我就不至于盲目地崇拜别人，盲目地追求潮流，盲目地迷恋世俗，盲目地改变现状。审视，是人生的方向盘，它使你把握住自己，始终清醒地站在世事的浪尖上，不被生活的暗流淹没。

审视天地岁月，可收获一点哲思；审视世事人生，可收获一份睿智；审视文化历史，可厚实一些底蕴。不想昏庸地活着，请审视一切。

找到伤害自己的罪魁祸首

在每个人的生命长河里，都泛着分分秒秒光阴的波浪，它们稍纵即逝，却又"法力无边"，能把你推向成功的彼岸，也会引你触礁覆没在险滩。时间中唯有"现在"最宝贵，抓住了"现在"，亦即抓住了时间，成功就会向你招手。而"拖"却是影响你抓住"现在"的最大障碍，就像你成功航线上的礁石。

到美国首府华盛顿观光的旅客总不免要到华盛顿纪念碑一游。纪念碑游客如织，导游会告诉你，排队等搭电梯上纪念碑顶就要等上2个钟头。但是他还会加上一句："如果你愿意爬楼梯，那么一秒钟也不必等。"

拓展开来，游华盛顿纪念碑如此，游我们的人生之旅又何尝不是如此？如果你总是在等待那部电梯快速送你到顶端，说不定还不如一步一步地爬楼梯快。

有些事情也许的确是你想做的，绝非别人要你做，然而，尽管你想做，却总是一拖再拖。你不去做现在可以做的事情，却下决心要在将来某个时候去做。同时，还安慰自己说，你并没有真正放弃决心要做的事情。

如果你一方面坚持自己的生活方式，另一方面又说你将做出改变，这种声明没有任何意义。你只不过是个缺乏毅力的人，最后将一事无成。

拖延时间的行为也有轻重程度之分。你可以将事情拖延到一定时候，然后赶在最后期限之前完成。这是一种常见的自欺欺人的行为。既然你是在最短的时间里干完工作的，那么即使工作结果极糟，或者未能达到最佳水平，你都可以安慰自己说："这是因为时间不够。"其实，你的时间是很充裕的。你知道，别人比你忙、时间比你紧，可照样能办成事。你如果总是抱怨太忙（拖延时间的一种方式），那你就无暇做任何工作。

有这样一种人，可称得上是拖延时间的"能手"。他们总是在讲自己制订了多少计划，要做多少工作。任何听其讲话的人只要想象一下其所描述的紧张生活节奏，都会惊得目瞪口呆。然而，只要稍做进一步的了解就不难发现，这种人并没有做多少实际工作。他们总是思索着各种各样的计划，但却从未着手做任何一件具体的事情。他们每天晚上入睡前都会自我安慰一番，保证第二天一定要完成一项工作。

语言未必能表明你是个什么样的人。相比之下，行为倒更能切实地反映出一个人的本质。只有现在的行为才能表明你是个什么样的人。

人们之所以拖延时间，有三分之一的原因是自我欺骗，另外三分之二的原因是逃避现实。人之所以坚持自己的这种拖延行为，是因为从中得到了一些"好处"。

1. 通过拖延时间，可以不去做那些令自己感到头疼的事。有些事情你害怕去做，有些事情你想做又不想做。

2. 维持这种自我欺骗心理可能会使你心安理得，因为你无须承认自己不是一位实干家。

3. 只要能一再拖延时间，你可以永远保持现状，无须进取，也不必承担任何随之而来的风险。

4. 如果你厌倦生活，就可以抱怨说是其他人或事导致你情绪消沉。这样，你可以摆脱任何责任，并且将一切归咎于令人厌倦的那些事情。

5. 通过对别人评头论足，你可以自以为高人一等。你可以通过贬低别人的行动来抬高你的形象。这也是一种自我欺骗行为。

6. 期待事情出现转机，同时认为客观环境造成了你的精神不愉快——各种事情似乎都在与你作对。这样，即使无所事事也是理所当然的。

7. 不做任何没有把握的事情，就可以避免失败，从而也无须证实你对自己所抱的怀疑。

8. 盼望出现美妙的奇迹，如圣诞老人给你送礼物祝福，这样可以重温安稳的童年生活。

9. 由于不能从事自己所喜爱的活动，你既可以赢得别人的同情，也可以怜悯自己。

10. 如果一再拖延时间，最后又在极短的时间内赶完工作，那么即使工作做得很差，甚至很不像样，你也可以辩解说："我时间不够。"

在你拖延某件事时，别人或许会帮你做这件事。这样，拖延又成了你摆布别人的一种手段。

通过拖延时间，你可能会对自己以及自己的行为产生不切实际的想法。

避免做工作，你就不会取得成功。这样，你不会因取得成绩而高兴，不必在成功的基础上再接再厉。

如果你认为这些"好处"可以使你从中获益，那你就错了。这些"好处"只会成为你成功路上的绊脚石，一步步将你引向灭亡的深渊。所以，一定要改掉拖延的恶习，让自己快速付诸行动。

德谟斯特斯是古希腊的雄辩家，有人问他雄辩之术的首要是什么？

他说："行动。"

第二点呢？"行动。"

第三点呢？"仍然是行动。"

人有两种能力，思维能力和行动能力。没有达到自己的目标，往往不是因为思维能力，而是因为行动能力。

克雷洛夫说："现实是此岸，理想是彼岸，中间隔着湍急的河流，行动则是架在河上的桥梁。"行动才会产生结果。行动是成功的保证。任何伟大的目标、伟大的计划，最终必然落实到行动上。

拿破仑说："想得好是聪明，计划得好更聪明，做得好是最聪明又最好的。"

永远都是你采取了多少行动决定了你的想法实现的程度，而不是你知道多少。所有的知识必须化为行动。不管你现在决定做什么事，不管你设定了多少目标，你一定要立刻行动。唯有行动才能决定你的价值。

假如你具备了知识、技巧、能力、良好的态度与成功的方法，懂得比任何人都多，但你还是可能不会成功。因为你还必须要行动，一百个知识不如一个行动。

假如你终于行动了，但还不一定会成功，因为太慢了。在现代社会，行动慢，等于没有行动。你只有快速行动，立刻去做，比你的竞争对手更早一步知道、做到，你才有成功的机会。

任何时候、任何地方，你都可以轻易得到任何你所需要的知识与信息，你也会知道昨天晚上，你的竞争对手是否比你多掌握了一些你所不知道的信息。

也许现在的年轻人轻易就可以知道许多人成功的经验，而他们都将是你未来的竞争对手。这些事情告诉我们：必须掌握时间，立即行动！能够超越你竞争对手的关键，能够帮助你达到目标的关键，能够帮助你占领市场的关键，能够帮助你成功致富的关键，只有一个，即快速行动。

失败的主要原因是拖延，失败者的最大弱点是犹豫不决，这些人天天在考虑、在分析、在判断，迟迟下不了决心，总是优柔寡断。好不容易做了决定之后，又时常更改，不知道自己要的是什么。终于决定要实施了，他们第一件事就是拖延，不行动，告诉自己："明天再说"，"以后再说"，"下次再做"。这样的人怎么可能成功呢？

因为行动可以改变你的命运，改变我的命运，改变大家的命运，改变整个世界的命运。所以，我们只能用行动去改变一切不良的现状。但我们心里还必须清醒地知道，当我们试图改变的时候，别人也在试图改变。这样，我们只能选择以最快的速度进攻，永远不忘田径场上那一幕幕追赶的画面。

原来"对手"近在眼前

成功最大的对手是自己，不能正确地认识自己、正确地认识自身的弱点，那么，我们的成功又能有几成的把握？兵家常讲"知己知彼，百战不殆"，老子也说"知人者智；自知者明"，由此可见，认识自己是多么重要。只有认识到自身的弱点，我们才能有针对性地去对付它，主动减少它给我们前进路上带来的危害。

弱点之所以称之为弱点，大多数时候会给人带来痛苦与磨难，因此，识别它并不是很难。可是很多人在弱点现身的时候，却紧闭双眼，为自己开脱，而这又是人更大的弱点。

一位著名哲学家曾经问自己的学生：假如你同时养了猫和鱼，忽然有一天你发现鱼被猫偷吃了，你觉得应该怪谁呢？

不假思索地，几乎所有的学生都说怪猫。

哲学家笑着说："猫是有责任，但除了责备猫，你更应该责备自己。因为猫吃鱼是它的本性，你明明知道猫会把鱼吃掉，却放任它，不加任何防范，导致了事故的发生，所以你也是有责任的。同样的道理，人性本来就有弱点，如果不加防范，吃亏的时候，除了怨别人，也应该检讨自己。"

学生们听后，都默然点头。

人遭遇失败或者经历不顺的时候，往往会努力为自己开脱，将原因归结为他人或者环境的不是，很少从自己身上找原因。正是这个弱点导致了我们成了自己的对手。世界上没有不可战胜的对手，唯独自己。

女孩来北京闯荡，在短短的一年时间里竟换了四个工作。她对于自己很有信心，"不行，我炒老板鱿鱼"是她的口头禅，一副自豪、满不在乎的样子。她的工作热情的确挺高，只是她常常流露出公司领导水平不高的意思，这也是她不断跳槽的原因。然而，几次跳槽之后，她的待遇越来越差，而她也根本没有在跳槽中得到应有的提高。

她的一位领导在提到她时说："她总是看不到自身的弱点，她的眼里都是别人的错误，这样，又如何能够进步？"

掩盖自己的错误是女孩最大的弱点，这个人性弱点不知毁掉了多少人。美国总统福特在一次辩论会上，出现了一个巨大的口误，更可悲的是，他不是巧妙地引开话题，而是笨拙地掩盖自己的错误，结果欲盖弥彰，成为他连任的败点，也成了他人生的一个小污点。

哲人说："一个人最大的对手就是自己，其实谁也无法把你打倒，最终打倒你的只有你自己。"

有则寓言说："老鼠认为世界上最可怕的动物是猫。"其实，这也是人常有的一种心态：人们常用自我中心的眼光来看待周围的事物，人们在认识世界时总是把自我的观念或感情投射到对象上，就像寓言中的老鼠一样，把对自己成功不利的事情推给外界因素。俗话说"灯笼不知脚下黑"，人们对自己的了解往往比对客观世界的了解少得多。

与之相反的一个人性最大的弱点，就是瞧不起自己。许多人谈论某位企业家、某位世界冠军、某位著名电影明星时，总是赞不绝口，羡慕他们的成功与非凡的能力，可是一想到自己，便一声长叹："我不是成才的料！"他们总是认为自己没有出息，不会有出人头地的机会，理由是："生来比别人笨"，"没有高级文凭"，"没有好的运气"，"缺乏可依赖的社会关系"，"没有资金"，等等。

一个人若是被一些不良的心态所左右，人生的航船就有可能驶入河沟浅滩，从而失去发展的机会，一败涂地。这是自卑，也是自毁。

在一次火灾事故中，消防队员从废墟中救出了一对孪生兄弟——国梁和家梁。他们是此次火灾中幸存的两个人。

兄弟俩在这次火灾中都被烧得面目全非。弟弟家梁整天对着医生唉声叹气，认为自己的样子怪，没法继续生存下去。他的口头禅就是："与其赖活着，还不如死了算了。"哥哥努力地劝弟弟说："这次大火只有我们得救了，因此我们的生命显得尤为珍贵，我们的生活会更有意义，勇敢活下去，我们一定会过得很好。"

兄弟俩出院后，弟弟还是忍受不了别人的讥讽，于是在一天晚上偷偷地服了安眠药离开了人世。而哥哥国梁却艰难地生存了下来，无论遇到什么冷嘲热讽，他都咬紧牙关挺了过来，他每次都暗暗提醒自己："我生命的价值比谁都高贵，大难不死必有后福。"

有一天，国梁在雨中看到不远处的一座桥上站着一个人。那个人要自杀，国梁救了他，并严厉地告诫他不珍惜自己的生命是可耻的，为了让那个人不再悲观厌世，他把自己的经历告诉了他，让他重拾活下去的勇气。

没想到国梁救的这个人是一位亿万富翁，这个富翁很感激国梁的救命之恩，并且觉得国梁很有抱负，是个能做大事的人，于是就和他一起干事业。

家梁有了一个巨大的心魔，他的自卑、懦弱战胜了他，让他劫后没有余生，自己毁了自己。而国梁没有自卑，也不怨天尤人，更没有自己诋毁自己，他战胜了自己的弱点，也走出了阴影。

人最大的对手是自己，人最大的心魔也是自己，没有对弱点的认识，就没有对优点的把握，没有对弱点的挑战，就没有反思心理的启动。检视一下你自己，是否会说许多带"不"字的话，例如"不能如何、不要如何、不应该如何"，等等。往往这些话都透露出你人性的一些弱点。

如果你已经意识到了自身局限性，如果你能够一心改正这些人性的弱点，那就意味着你又上升了一个台阶，这才是真正的进步。高尔基曾多次告诫青年人："人一生要战胜的对手就是自己。"认清自己的弱点重要，战胜自己的弱点更重要。

战胜自己头脑里的对手比战胜外在的对手要难很多倍，而一旦战胜，你将所向无敌。

找到"对手"的弱点

"人生最大的对手是自己。"这话说得精辟、深刻、含义隽永、有启示作用，可以用来当作座右铭。但是想诠释它似乎又很难，只能意会、无法言传。有如数学里的"模糊理论"一样：细想，想不清楚很模糊；粗想，豁然开朗很明白。

其实，"人生最大的对手是自己"这句话在生活中一直被广泛运用着。例子信手便可拈来。苏迪曼杯羽毛球混合世界锦标赛，中国马来西亚半决赛中林丹赢了老对手李宗伟，这是林丹首次在团体赛中胜李宗伟，总教练李永波就说："如果林丹能把状态都打出来，当今世界羽坛没人能战胜他。林丹的对手不是别人，是他自己。"

"人生最大的对手是自己"这句话的含义还被形象地搬上舞

17

台。京剧电影《徐九经做官》里的歪脖子奇才徐九经，在面对权势威压，要在伸张正义和屈从枉法之间，作两难选择时，就分裂出了两个小徐九经。这两个小徐九经，一个要坚持，一个要屈从，互不相让，打得不可开交。当然最后是要伸张正义的徐九经打败了要屈从枉法的徐九经。战胜了自己的徐九经才说得出"当官不为民作主，不如回家卖红薯"这样的话。

两个观点截然相反的小徐九经虽然只是电影编导的表演手法，但却极其生动地反映了一个事实：那就是坚强和脆弱、勇敢和怯懦、自信和自卑、谦虚和骄傲、勤勉和惰性、狡黠和诚实、轻率和沉稳等，所有人性的优点和弱点其实都存在于同一个人身上。这个说法是正确的，否则就不能解释：有的平日里温柔可爱的女性，打起坏人来也是毫不手软的；廉洁奉公的官员，最后会因贪污受贿而锒铛入狱。人性的优点和弱点存在于同一个人身上，就每个个体而言，有程度的不同，但没有有无的差别。优点和弱点混杂共生，由此构成了比世界上任何先进装备都要复杂的人的内心世界。心理学科和心理学家呕心沥血地研究，希望能找到人类思维的规律，但至今仍是没有结果。

人性的优点和弱点存在于同一个人身上，是指存在于人的内心世界。这与作为内心世界外在反映的人的行为，有着很大的不同。这种不同主要表现在：做的肯定是想过的，但想的不一定是做的。思想驰骋无疆，言语举止有界。在任何时代和社会，人的行为都会受到法律的硬约束、道德的软约束。除此而外，人的行为还会受到良心、知识、道理，以及利害权衡、意志较量、外界舆论等的影响。所有这些约束和影响，目的都是贬抑人性、个性

18

的弱点，弘扬人性、个性的优点。所有这些约束和影响最终都是在人的内心世界里归纳综合，有最后决定权和否决权的是每个人自己。

由此，我们可以得出结论：人生的道路实际上是在克服困难、化解矛盾、包括处理危机、过沟越坎的过程中延伸的。问题解决得好，就成功顺当；解决得不好，就失败受挫。解决问题的方案是在人的内心世界里完全由自己拍板决定，不能像考试作弊那样找枪手代劳。问题解决得好坏的关键，就是看你能不能战胜人性和你个性的弱点。这可决不像纸上谈兵那样轻松。"江山易改，本性难移"，那会是尖锐的，甚至是惨烈的思想交锋，是"真刀真枪"的厮杀，胜利和退败的可能性都是完全存在的。它也不是徐九经式的较量，因为徐九经如打败就上不了电影了。因此，把自己人性和个性的弱点比喻为自己的对手是非常贴切的。"人生最大的对手是自己"这句话，乃是从几千年人生感悟中提炼出来的警世之言。

了解这句话，不断体会揣摩它的深意，在实践中身体力行，对每个人都会有很大帮助。

宋代大文豪苏轼非常喜欢谈佛论道，和佛印禅师关系很好。有一天他登门拜访佛印，问道："你看我是什么。"佛印说："我看你是一尊佛。"苏轼闻之飘飘然，佛印又问苏轼："你看我是什么？"苏轼想难为一下佛印，就说道："我看你是一坨屎。"佛印听后默然不语。苏轼回家后向妹妹吹嘘自己今天如何一句话噎住了佛印禅师，苏小妹冷笑一下对哥哥说："参禅是见心见性，你心中有眼中就有，佛印心中有佛，看万物都是佛。你心中有屎，

19

所以看别人都是一坨屎。"

　　既然人不要与自己作对，有人会问，我们常说的战胜自己指什么呢？其实这是超越自己或升华自己的代名词，谁也不会以智胜婴儿为自豪，也不会比小学时懂得多而沾沾自喜。人生就是在跟自己赛跑，需要不断攀登和前进，每个黎明都是崭新的开始，每个阶段都有引人入胜的芬芳。海到尽头天作岸，山登绝顶我为峰。凡事想过、努力过，不管结果是什么，都可以让自己了无遗憾，也是给自己短暂的一生最好的回报。

　　认同"人生最大的对手是自己"这句话，遇到问题，你首先会从自己这里查找原因。如果问题的根源在你自己，你就一下找到了正确认识的捷径。如果问题的根源在他方，你就找到了取得更加圆满结果的方法。如果双方都这样做，问题就会迅速迎刃而解。

　　认同"人生最大的对手是自己"这句话，你就会以正确的态度对待人生中不断出现的各种新情况。顺水顺风不会忘乎所以，遇到挫折不会气馁消沉。因为你知道骄傲自大、自暴自弃这两个"对手"正跃跃欲试想跳出来表演一番。遇到不公正待遇，会冷静以对，甚至忍辱负重。因为你知道"盲目冲动"这个"对手"是个脾气很坏的家伙，会把事情搞得更糟，不如慢慢寻找应对之策。办了错事、跌了跟斗，会铭心刻骨地引以为戒。因为你知道"愚蠢"这个"对手"会让你在同一块石头上再次绊倒的，而汲取教训就会逐步走向成熟。退休了从国家公务员、企事业单位员工变成社会人，会迅速重新定位，保持良好心态，享受宁静生活。因为你知道"心理失衡"这个"对手"是个小心眼、钻牛角尖的角色，会赖着不走让你加快衰老的。

认同"人生最大的对手是自己"这句话，你就会更理解脚下的路是自己走出来的，脚底的泡也是自己打出来的。把握好自己、善待自己最正确的办法就是战胜自己。

《圣经》上有一句话是"解救之道全在其中"，正如郑板桥诗中所说："一片绿叶遮荫，护竹何须荆杞。仍将竹做篱笆，求人不如求己。"最后的解救之道永远是自己。

我们的勇气并不是与生俱来的，我们的恐惧也不是。也许有些恐惧来自你的亲身经历、别人告诉你的故事，或你在报纸上读到的东西。有些恐惧可以理解，例如在凌晨两点独自走在城里不安全的地段。但是一旦你学会避免那种情况，你就不必生活在恐惧之中。

恐惧，哪怕是最基本的恐惧，也可能彻底粉碎我们的抱负。恐惧可能摧毁财富，也可能摧毁一段感情。如果不加以控制，恐惧还可能摧毁我们的生活。恐惧是潜伏于我们内心的众多对手之一。

我们面临的其他五个内在对手是：第一个你要在它袭击你之前将其击败的对手是冷漠。打着哈欠说："随它去吧，我就随波逐流吧。"这是多么可悲的疾病啊！随波逐流的问题是：你不可能漂流到山顶去。

我们面临的第二个对手是优柔寡断。它是窃取机会和事业的贼，它还会偷去你实现更美好未来的机会。向这个对手出剑吧！

第三个内在的对手是怀疑。当然，正常的怀疑还是有一席之地的，你不能相信一切。但是你也不能让怀疑掌管一切。许多人

21

怀疑过去，怀疑未来，怀疑彼此，怀疑可能性，并怀疑机会。最糟糕的是，他们怀疑自己。怀疑会毁掉你的生活和你成功的机会，它会耗尽你的存款，留给你干涸的心灵。怀疑是对手，我们要追赶它，消灭它。

第四个内在的对手是担忧。我们都会有些担忧，不过千万不要让担忧征服你。相反，让它来警醒你，担忧也许能派上用场。当你走在纽约的人行道时有一辆出租车向你驶来，你就得担忧。但你不能让担忧像疯狗一样失控，将你逼至死角。你应该这样对付自己的担忧：把担忧驱至死角。不管是什么来打击你，你都要打击它。不管什么攻击你，你都要反击。

第五个内在的对手是过分谨慎。那是胆小的生活方式。胆怯不是美德，而是一种疾病。如果你不理会它，它就会将你征服。胆怯的人不会得到提拔，他们在市场中不会前进，不会成长，不会变得强大。你要避免过分谨慎。

一定要向这些对手开战，一定要向恐惧开战。鼓起勇气抗击阻挡你的事物，与阻止你实现目标和梦想的事物作斗争。要勇敢地生活，勇敢地追求你想要的事物并勇敢地成为你想成为的人。

别增长"对手"的气焰

对自己绝望的人，幸福会弃他而去；对别人不抱希望的人，诚信会飘然远走；对社会不抱希望的人，善良会逐渐泯灭。

一场倾盆大雨。站立着面对这场大雨吧！让它的钢铁般的光芒刺穿你。你在那想把你冲走的雨水中漂浮，但你还是要坚持，昂首屹立，等待那即将来临的无穷无尽的阳光的照耀。——卡夫卡日记

卡夫卡是 20 世纪德语小说家。文笔明净而想象奇诡，别开生面的手法，令 20 世纪各个写作流派纷纷追认其为先驱。被称作后现代主义的创始人。

世上最大的绝望，也被称作卡夫卡式的绝望。kafka，在日语中音译为乌鸦，因此村上春树有本蛮出名的《海边的卡夫卡》取其忧郁、绝望的意思。卡夫卡一生最希望能躲进一个阴暗潮湿的地堡中，厌恶阳光如厌恶无处不在的垃圾。

现在其实很多人都会把卡夫卡当作"绝望"的代名词，他的绝望在于无法控诉、无法表达，甚至在文字中也没有办法正常表达。就如他对父亲的绝望，只能在小说中隐讳地诉说；再如他对社会的绝望，只能用《变形记》那样有点含混晦涩的模糊式的超现实手法来表现，但是我们依然可以如看凡高的画一样感受到透

过心灵辐射过来的激灵的寒冷。卡夫卡从犹太心灵感受特别深刻的"流放"状态出发，写出人类普遍的孤立和疏离，展示人如何迷失了道路。在他的小说里，人类找不到出路、无家乡可归，有的只是绝望。

然而就算是这样一位自认为和被认为绝望的人，依然写下了很多很阳光的句子："我们有罪不只因为我们吃了知识树，也因为我们没有吃生命树。"

"人不能没有一种对某种不可摧毁的东西的持久信念而生活。"

"人只需有一次转向善的一边，他便得救了，无须顾及过去，甚至无须顾及未来。"

"世界之外存在着许多希望……对上帝……无限多的希望……但不是对我们。"

"结婚、建立家庭，接受所有降生的孩子，在这不安全的世界上保护他们，甚至给予些引导，这些我确信是一个人所能达到的极致。"

"尽管如此，你们这些沉默、被推动着的、前进的、互相信任到无以复加的人们，尽管如此，我们不会扔下你们不管，即使在你们做了天大的蠢事时也不会，而且尤其在这种情况下不会抛弃你们。"

不要绝望，甚至对你并不感到绝望这一点也不要绝望。恰恰在似乎一切都完了的时候，新的力量毕竟来临，给你以帮助，而这正表明你是活着的。

有一位商场精英，多年以前去南方闯"商海"，原以为他能成为一个百万富翁甚至千万富翁，哪知三年后，他不仅身无分文，而且连老婆也因他"太窝囊"而跟别人远走高飞了。回到家后，除了父母与他一同唉声叹气外，左邻右舍说的说、笑的笑，怪话如苍蝇一般，赶了又来，有的说他在外面吃喝嫖赌，坐吃山空；有的说他在外面坐了三年牢；有的说他癞蛤蟆想吃天鹅肉，一颗笨脑袋竟做着黄金万两的美梦……总之，说什么的都有。最令他难以应付的是，前来要债的人一进他家的门，不是骂，就是砸。

可是，不管现实如何残酷无情，他都始终咬紧牙关——挺过去了。

现在，他成功了，他亲手创办的企业蒸蒸日上，令人赞叹。他以惊人的业绩改变了人们对他的看法。人们问他为什么能够取得如此骄人的成功，他只是笑笑说："太阳每天都是新的，我为什么不能拥有一个新的明天？"是啊，人生在世，有追求就会有失败。失败只能代表昨天，希望是属于未来的，今天黯淡无光，并不代表明天也阴沉多雨。人不在希望中生活，就不会进入新的境地。

每个人都会有面临绝境的时候，这种绝境会让人心生沉重，压抑得你连呼吸都很困难，仿佛人生真的走到了尽头；然而，事情的发展往往并非如此，绝望中常常孕育着生机，绝望中常常萌生着希望，只要你抱有一种不肯低头的心态，绝望之时也许正是你创造奇迹之时。

别让愤怒搅乱你的作战方案

人的快乐源自于精神。那些位高权重，住着洋房别墅、坐着宝马香车的权贵们未必能够拥有这种精神上的快乐。尽管他们在人前笑逐颜开，可是你无法看到他们在人后时的那种因空虚而迷离的眼神和忧郁的愁容。

事实上，物质上的满足远不如精神上的满足对于一个人更重要。只有让自己的精神更快乐才是真正的快乐。

一位女子陪伴丈夫驻扎在加州沙漠的陆军基地。她的丈夫奉命出外参加演习时，她就只好一个人待在陆军的小铁皮房子里。外面的天气实在太热了，树荫下的温度也高达华氏 125 度。更可恶的是，没有一个人和她聊天，只有满天的风沙，所有吃的、用的东西都沾满了沙，就连呼吸都让人觉得困难！

她难过到了极点，觉得自己非常可怜，于是她写信给她的父母，说她一分钟也不能再忍受下去了，她甚至觉得自己的怒气已经燃烧起来，她宁愿去坐牢也不愿待在这个鬼地方。她父亲的回信只有一句话，但这句话却永远留在她心中，并改变了她的一生：

"两个人从牢里的铁窗望出去，一个人看到的是满地的泥泞，而另一个人却看到满天的繁星。"

她不断地看这封信，她终于明白了，不禁非常惭愧。她决定找出自己目前处境的有利之处，她要找寻自己的满天繁星。

她开始热心地与当地居民交朋友，而他们的反应也令她十分感动。当她对当地居民的编织与陶艺表现出浓厚的兴趣时，这些居民就把自己最喜欢的甚至都不愿卖给游客的纺织品、陶器送给她。她开始研究令人着迷的仙人掌及当地各种沙漠植物。她试着学习土拨鼠的知识，或观看沙漠的日落，找寻几百万年前的贝壳化石，原来这片沙漠在300万年前曾是浩瀚的海洋。

那么，你不禁要问，究竟是什么使她的内心发生这些惊人的改变呢？你可以看出沙漠并没有发生改变，改变的只是她自己。因为她的认识改变了，正是这种改变使她有了一段精彩的人生经历。她所发现的新天地令她觉得既刺激又兴奋，使她把原先认为恶劣的环境变成了一次有意义的冒险。后来她写了一本小说讲述她如何逃出自筑的精神牢狱，找到了美丽的星辰。

哈里·爱默生·佛斯狄克曾语重心长地说："真正的快乐不一定是愉悦的，它多半是一种思想上的胜利。"没错，快乐源自一种成就感，一种自我超越的胜利，一种将酸柠檬榨成柠檬汁的经历。

著名作家波利梭24岁那年因事故丧失了双腿，从此便被宣判以后的人生要在轮椅上度过！他说他当时十分愤怒，怨恨命运对自己如此无情地捉弄。但是后来，他明白发怒或生气对自己毫无益处，只能使自己变得更卑微无能。"我终于醒悟，"他说，"别人都友善礼貌地对待我，我至少也应该友善地对待别人。"

那么他后来是否仍觉得那次事件是他人生的不幸呢？他说：

"不！我简直庆幸它的发生。"他说，经过了那个震惊与愤恨的时期，他开始学习在一个全新的世界中生活。他开始阅读大量文学作品并尝试文学创作。14年中他至少读了1400本书籍，这些书拓展了他的视野，他的人生比以前所能想象的丰富得多。他开始欣赏音乐，现在令他感动的交响乐以前只会让他昏昏入睡。然而，最重大的改变，是他学会了真正的思考："我一生中第一次真正用心看世界，并体会其价值。我终于领悟到以前努力追求的很多事，大部分一点价值也没有。"

通过阅读，他开始对政治学感兴趣，并研究行政问题，他常常坐在轮椅上发表演说！他开始了解人们，而人们也开始认识他。后来坐在轮椅上的他，还当上了佐治亚州政府的秘书长。

事实上，成功人士之所以成功，大部分是因为某些方面的不足激发了他们的潜能。

威廉·詹姆斯曾说："我们最大的弱点，也许会给我们提供一种超乎想象的生命动力。"

是的，密尔顿正是因为失明，才能写出那么精彩的诗篇。而海伦·凯勒的创作事业则完全是受到了耳聋目盲的激发。贝多芬则可能因为耳聋才得以完成生命的赞美诗《命运》。要是柴可夫斯基的婚姻不是那么不幸，逼得他几乎要寻短见，他可能难以创作出不朽的《悲怆交响曲》。托尔斯泰与陀思妥耶夫斯基都是因为本身命运悲惨，才能写出流传千古的感人作品。

在巴黎的一次音乐会上，世界著名小提琴家欧利·布尔正在演奏，忽然小提琴的A弦断了，他从容自若地以剩余的三条弦奏完全曲。佛斯狄克说："这就是人生，断了一条弦，你还能以剩余的三条弦继续演奏。"

进化论创始人达尔文，这位使人类科学观点得到改变的科学家说："如果我不是这么无能，我就不可能完成所有这些我辛勤努力完成的工作。"很显然，他坦承他的许多弱点对他有意想不到的帮助。

达尔文在英国诞生的那一天，在美国肯德基州的小木屋里也诞生了一位婴儿，他就是亚伯拉罕·林肯。假如林肯生长在一个富有的家庭，得到哈佛大学的法律学位，又有美满的婚姻，他可能永远不能在盖茨堡讲出那么深刻动人、不朽的词句。更别提他连任就职时的演说——这篇演说集中体现了一位统治者最高贵优美的情操，他说："不要对任何人怀有恶意，常怀慈悲于世人……"

斯堪的纳维亚地区流行一句俗语，冰冷的北极风造就了因纽特人。我们无法相信人们仅仅因为没有任何困难而觉得舒适、觉得快乐。恰恰相反，一个自怜的人即使舒服地靠在沙发上，也不会停止自怜。反倒是无视环境优劣的人常能快乐，他们极富个人的责任感，从不逃避。

人生的快乐源自于我们心灵的那种愉悦的感受，无论我们拥有什么，都不要停止去唤醒那种愉悦感受，让它助你走过这一程。

29

不做可怜又可恨的人

　　林峰大学毕业后，陷入了两难的境地，他既想找一份好的工作，早点挣钱，又想考研，继续深造。就业和考研各有各的好处，到底该选哪个呢？考研吧，谁知道三年后研究生就业情况会怎样？就业呢，万一几年后本科生失去竞争力怎么办？就这样，林峰在考研和找工作之间徘徊了很久，搞得自己疲惫不堪，才最终决定考研，结果由于复习时间太短，考研失败了。他又转头去求职，也没有找到理想的工作。

　　林峰由于犹豫不决而吃了大亏，如果当时他能果断地选定一个目标去努力，也就不会落得这样一事无成。我们在面对一些难以取舍的问题时，要慎重考虑，但是不能犹豫不决。因为一个人的精力和才智是有限的，习惯犹豫不决的人，就是在浪费生命。

　　有这样一则寓言：一头驴在两垛青草之间徘徊，欲吃这一垛青草时，却发现另一垛青草更嫩更有营养，于是，驴子来回奔波，没吃上一根青草，最后饿死了。驴子饿死，是因为没有草吗？不是，草足够它吃饱的，可它确确实实饿死了。这是因为它把大部分的精力花在考虑该吃哪一垛草上，而没有去实践吃草。

　　也许有人认为，我们人比驴子聪明多了，不会犯驴子一样的错误。果真如此吗？答案是否定的。

有一个故事，说的是一个父亲试图用金钱赎回在战争中被敌军俘虏的两个儿子。这个父亲愿意以自己的生命和一笔赎金来救儿子。但他被告知，只能以这种方式救回一个儿子，他必须选择救哪一个。这个慈爱而饱受折磨的父亲，非常渴望救出自己的孩子，甚至不惜付出自己的生命，但是在这个紧要关头，他无法决定救哪一个孩子、牺牲哪一个。这样，他一直处于两难选择的巨大痛苦中，结果他的两个儿子都被处决了。

歌德曾经说过，犹豫不决的人永远找不到最好的答案，因为机遇会在你犹豫的片刻溜走。所以，我们必须抛掉犹豫不决的习惯，即使是处在混乱中，也必须果断地做出自己的选择。

在圣皮埃尔岛发生火山爆发大灾难的前一天，一艘意大利商船"奥萨利纳"号正在装货准备运往法国。船长马里奥敏锐地察觉到了火山爆发的威胁。于是，他决定停止装货，立刻驶离这里。但是发货人不同意。他们威胁说现在货物只装载了一半，如果他胆敢离开港口，他们就去控告他。但是，船长的决心却毫不动摇。发货人一再向船长保证火山并没有爆发的危险。船长坚定地回答道："我对于这座火山一无所知，但是，如果维苏威火山像这个火山今天早上的样子，我一定要离开那不勒斯。现在我必须离开这里。我宁可承担货物只装载了一半的责任，也不继续冒着风险在这儿装货。"

24 小时后，发货人和两个海关官员正准备逮捕马里奥船长，圣皮埃尔的火山爆发了。他们全都死了。这时候"奥萨利纳"号却安全地航行在公海上，向法国前进。

试想一下，如果马里奥船长有迟疑不决的习惯的话，那么他会得到什么样的结局呢？毫无疑问，同火山一起毁灭。在一些必须做出决定的紧急时刻，你就不能因为条件不成熟而犹豫不决，只能把自己全部的理解力激发出来，在当时情况下做出一个最有利的决定。当机立断地做出一个决定，你可能成功，也可能失败，但如果犹豫不决，那结果就只剩下失败。

所以，我们要努力训练自己在做事时当机立断，就算有时会犯错，也比犹豫不决、迟迟不敢做决定要好。

成千上万的人虽然在能力上出类拔萃，但却因为犹豫不决的行动习惯而沦为了平庸之辈。要知道，在任何情况下，不能信心百倍地做出自己的决断都是一个悲剧，所以，我们一定要行动起来，戒除不良习惯，培养一种全新的决断精神。

王安博士小时候曾遇到这样一件事：一天在外面玩耍时，他发现了一个鸟巢被风从树上吹掉在地，从里面滚出了一只嗷嗷待哺的小麻雀。他决定把它带回家喂养。当他托着鸟巢走到家门口的时候，忽然想起妈妈不允许他在家里养小动物。于是，他轻轻地把小麻雀放在门口，急忙走进屋去请求妈妈。在他的哀求下，妈妈终于破例答应了。他兴奋地跑到门口，看见一只黑猫正在意犹未尽地舔着嘴巴，小麻雀却不见了。他为此伤心了很久。

王安博士从这件事中得到的教训就是：不要瞻前顾后、优柔寡断，只要是自己认定的事情，就要排除万难、迅速行动。瞻前顾后、患得患失的行动习惯，往往会给我们造成巨大的危害，剥夺我们的幸福。

有一位作家说过："世界上最可怜又最可恨的人，莫过于那些总是瞻前顾后、不知取舍的人，莫过于那些不敢承担风险、彷徨犹豫的人，莫过于那些无法忍受压力、优柔寡断的人，莫过于那些容易受他人影响、没有自己主见的人，莫过于那些拈轻怕重、不思进取的人，莫过于那些从未感受到自身伟大内在力量的人，他们总是背信弃义、左右摇摆，最终自己毁坏了自己的名声，最终一事无成。"

有一天，有一个在恋爱中的年轻人很想到他的爱人家中去，找他的爱人出来，一块儿消磨一个下午。但是，他又犹豫不决，不知道他究竟应该不应该去，惧怕去了之后，或者显得太冒昧，或者他的爱人太忙，拒绝他的邀请。于是他左右为难了老半天，最后，他勉强下决心去。

但是，当车一进他爱人住的巷子时，他就后悔来：既怕这次来了不受欢迎，又怕被爱人拒绝，他甚至希望司机把他现在就拉回去。

车子终于停在他爱人的门前了，他虽然后悔来，但既来了，只得伸手去按门铃。现在他只好希望来开门的人告诉他说："小姐不在家。"他按了第一下门铃，等了 3 分钟，没有人答应。他勉强自己再按第二下，又等了 2 分钟，仍然没有人答应。于是他如释重负地想："全家都出去了。"

于是他带着一半轻松和一半失望回去，心里想：这样也好。但事实上，他很难过，因为这一个下午没法安排了。

你能猜到他的爱人现在在哪里吗？他的爱人就在家里，她从早晨就盼望这位先生会突然来找他，带她出去消磨一个下午。她不知道他曾经来过，因为她门上的电铃坏了。那位先生如果不是那么瞻前顾后，如果他像别人有事来访一样，按电铃没人应声，

第一章 擦亮眼睛——看清谁才是你的「头号对手」

33

就用手拍门试试看的话，他们就会有一个快乐的下午了。但是他并没有下定决心，所以他只好徒劳往返，让他的爱人也暗中失望。

瞻前顾后的行为习惯使人丧失许多机遇。很多时候，很多事情，如果我们能横下一条心去做，事情的结果就会大不相同。

有个人听说某公司招一个职员，这个公司的待遇优厚，远景也好，他很想去试试，但是他怕自己能力不够，又怕万一考不取丢脸。于是他犹豫着，没有下决心。直到最后，他发现另外一个比他条件差得远的人居然考取了，他才后悔自己为什么不去试一试。

许多事是应该用勇气和决心去争取的。有一位先生，他是某公司经理，他有一种不允许别人有机会扰乱他意志的长处。往往在别人还在他旁边啰啰唆唆地叙述事情的困难的时候，他已经把他的办法拿出来了，干净利落，决不拖泥带水。

他那种明快果决的本领，十分使人折服。而许多人，却常常做不到这样。当我们遇到问题的时候，不是对这问题的本身不能理解，而是我们往往被枝节的问题所困扰，因为我们太容易被周围人的闲言碎语所动摇，太容易瞻前顾后、患得患失，以至于给外来的力量一种可以左右我们的机会。谁都可以在我们摇晃不定的天平上放下一个砝码，随时都有人使我们变卦，结果弄得别人都是对的，自己却没有主意。这真是我们成功途中的一个大障碍。

要想扫除这种障碍，第一得先训练自己对真理的判断能力。但最重要的还是要训练自己在判断之后，坚定、勇敢、自信地去把这个判断付诸实行。

对一个坚决朝向他的目标走的人，别人一定会为他让路。而对一个踟蹰不前、走走停停的人，别人一定抢到他前面去，决不会让路给他。

那么，如何克服这种阻碍我们成功的习惯呢？经验证明以下方法卓有成效，不妨一试：

做事时，要有"今天是我们生命中的最后一天"的"荒诞"意识。

"假如今天是我生命中的最后一天"，这是美国畅销书《世界上最伟大的推销员》的作者奥格·曼狄诺警示人生的一句话。无论是谁，无论想干一件什么事，如果优柔寡断的话，就会一事无成。而这种意识，恰恰像一把利刃，可立即斩断你的忧思愁绪，也像一口警钟，督促你当机立断，刻不容缓。

同时，你还要甩下包袱不顾一切，要有一种豁出去的心态。"大不了就是做错了"，"大不了就是被人笑话一顿"，而这些又能对你怎么样呢？一旦你有了这样一种意识，肯定就会敢做敢当，优柔寡断的现象肯定会在你身上消失得无影无踪。

不要小看了优柔寡断的习惯给我们带来的副作用，许多足以改变命运的契机，都因为我们的优柔寡断而与我们失之交臂，永不再来。所以我们一定要提醒自己：时刻想到，时刻去做，不要想得太多。

别因欺骗葬送了性命

公元前 781 年周宣王去世，他的儿子即位，就是周幽王。周幽王昏庸无道，到处寻找美女。大夫越叔带劝他多理朝政。周幽王恼羞成怒，革去了越叔带的官职，把他撵出去了。这引起了大臣褒响的不满。褒响来劝周幽王，但被周幽王一怒之下关进监狱。褒响在监狱里被关了三年。其子将美女褒姒献给周幽王，周幽王才释放褒响。周幽王一见褒姒，喜欢得不得了。褒姒却老皱着眉头，连笑都没有笑过一回。周幽王想尽法子引她发笑，她却怎么也不笑。虢石父对周幽王说："从前为了防备西戎侵犯我们的京城，在翻山一带建造了二十多座烽火台。万一对手打进来，就一连串地放起烽火来，让邻近的诸侯瞧见，好出兵来救。这时候天下太平，烽火台早没用了。不如把烽火点着，叫诸侯们上个大当。娘娘见了这些兵马一会儿跑过来，一会儿跑过去，就会笑的。您说我这个办法好不好？"

周幽王眯着眼睛，拍手称好。烽火一点起来，半夜里满天全是火光。邻近的诸侯看见了烽火，赶紧带着兵马跑到京城。听说大王在细山，又急忙赶到细山。没想到一个对手也没看见，也不像打仗的样子，只听见奏乐和唱歌的声音。大家我看你、你看我，都不知道是怎么回事。周幽王叫人去对他们说："辛苦了，各位，没有对手，你们回去吧!"诸侯们这才知道上了大王的当，十分愤怒，各自带兵回去了。褒姒瞧见这么多兵马忙来忙去，于是笑了。周幽王很高兴，赏赐了虢石父。隔了没多久，西戎真的打到京城来了。周幽王赶紧把烽火点了起来。这些诸侯上回上了当，这回又当是在开玩笑，全都不理他。烽火点着，却没有一个救兵来，京城里的兵马本来就不多，只有一个郑伯友出去抵挡了一阵。可是他的人马太少，最后给对手围住，被乱箭射死了。周幽王和虢石父都被西戎杀了，褒姒被掳走。

周幽王昏庸无道，因为屡次欺骗自己的大臣们而丢掉了自己的性命。

维护好自己的品行并不容易。有些好像占了便宜的事情其实不一定对自己有利，也许只是自欺欺人罢了。

鲤鱼们都想跳过龙门。因为，只要跳过龙门，就会从普普通通的鱼变成超凡脱俗的龙。可是，龙门太高，它们一个个累得精疲力竭，却没有一个能够跳得过去。它们一起向龙王请求，让龙王把龙门降低一些。龙王答应了它们的要求。鲤鱼们一个个轻轻松松跳过了龙门，兴高采烈地变成了龙。可不久，变成了龙的鲤鱼们发现，大家跟没变成龙之前好像没有什么两样。于是，它们又一起找到龙王。龙王笑道："真正的龙门是不能降低的，你们要想找到真正的感觉，还是去跳那座没有降低高度的龙门吧!"

降低标准，只能是自己骗自己。自欺欺人，掩耳盗铃，总有"东窗事发"的一天。只有真诚做人，才是立身之本。

不浮不躁，从容应对你的"头号对手"

从容是一种生活态度。面对浮躁忙乱、争逐物质和感官享受的社会，不要被他人所左右；我们不妨在自己的心里打开一扇窗，学习一下淡泊和从容，欣赏一处风景，留住一份感情，养育一份智慧。保持一个乐观向上、从容以对的生活态度。其实，很多时候，烦恼、忧愁都是我们自找的，若跳出人我是非，便有了一份清闲和自在。

面对自己的缺点，有许多事情如果换一种思维方式就是另一种境界。"不以物喜，不以己悲。"很多事情不值得去计较，但是要搞清事情的过程和原委，找出其中的关键所在，才能游刃有余地解决困难，平抑矛盾，找到最佳的成功结合点。因此，从容是一种修养、一种气质、一种境界，是一个人的睿智与大度。这个世界没有人能事事顺心、尽善尽美，酸甜苦辣都是生活的必需品，被动接纳痛苦，不如主动放弃悲伤，积极迎取心灵的骄阳，人生才能无处不风光。

人在逆境时不妨淡然处之，顺境时也不妨去坦然面对。生活总会让人品尝到其中的五味，就把它当成生活的馈赠。坦然、从容、不卑不亢、勇敢地笑对人生。

别太在意别人的评价，不要活在别人的言论里；别太在意结果，做事也不要太追求完美。生活就是一个过程，只要努力了，就是属于自己的成功。活着，也不是为了让别人喝彩。自己的生活需要自己去打理，自己是这个世界的主宰。只要自己的那份天空没有阴霾，就会给你周围的人带来光明。

不管是工作中还是生活中，我们难免会碰到困难，遇到挫折，而且你并不总能幸运地得到别人的帮助，因此，你一定要学会自我面对，只要你不放弃自己，自我激励，从容面对任何困难和挑战，那就永远不会失败。

中古时期，苏格兰国王罗伯特·布鲁斯，曾前后10多年领导他的人民，抵抗英国的侵略。但因为实力相差悬殊，6次都以失败告终。

一个雨天，战败后的他悲伤、疲乏地躺在一个农家的草棚里，几乎没有信心再战斗下去了。

正在这时候，他看到草棚的角落里，有一只蜘蛛在艰难地织网，它准备将丝从一端拉向另一端，6次都没有成功。然而这只蜘蛛并没有灰心，又拉了第7次，这次它终于成功了。

布鲁斯受到了极大的启发，"我要再试一次！我一定要取得胜利！"

他以此激励自己，重新拾起自信心，以更高涨的热情领导他的人民进行战斗。这次，他终于成功地将侵略者赶出了苏格兰。

苏格兰国王从一只小小的蜘蛛身上，看到再度奋起的勇气，并以同样的方式激励自己，在再试一次中实现了自己的理想。

自我激励是人生中一笔弥足珍贵的财富，在人生的前行中能产生无穷的动力。一旦你拥有了自我激励的动力，你就给生命插

39

上了美丽的翅膀。它将带着你展翅翱翔，创造属于你自己的人生辉煌。

从某种意义上说自我激励就是自我期待。人们激励自己的目的，就是为达到所期待的目标。

淡然宽怀看春秋，人生沉浮需从容。路有升沉进退，人有悲欢离合。从容，才能走远路，不怕万水千山；从容，才能干大事，敢于倒海翻江，扭转乾坤；从容，才能临危不乱，举棋若定，化险为夷；从容，才能善待自己，善待生活，善待人生。

第二章

深思熟虑

——找到对手的那些坏习惯

　　有句话说得好："磨刀不误砍柴工。"要想将心中的这个"头号对手"彻底清除出自己的领地，你首先要做的就是擦亮你的眼，还事情本来面貌，找到最准确的反击位置，这是战胜"头号对手"要做的头等大事，我们必须要为今后的胜利做好充分的准备。

丢掉推卸责任的工作习惯

  丁彬是某外贸公司的采购员，一次他和泰国货商签完了订货合同后，泰商又向他展示了一款草编凉帽，样式优美别致，夏季一定会受到女士的青睐。丁彬非常想订下来，但他却发现自己犯了个错误：他没有一次性在账户里存入足够的钱。他的主管是个非常严厉的人，该怎么向上司要钱呢？他找到主管简单地说明了情况，并承认了自己的失误，出乎意料的是，主管没有责备他一句，还很干脆地给他提供了一笔资金。后来草帽果然卖得很火，丁彬因此受到表扬。丁彬找到主管，他想知道，为什么主管愿意帮助他。主管严肃地说："因为当时，你只是很干脆地说'我错了'，没有推卸责任，没有找借口，因此我相信你一定会把事情做好！"

  面对自己的失误，丁彬没有推脱找借口，而是勇敢地承认了自己的错误，结果他得到了主管的信任。承认错误就代表你会努力改过；而推脱找借口，则表示你还要继续粉饰你的错误。找借口推脱的习惯，会把你推到失败的边缘。

  每个人都可能出现失误，如果你能够大声地说："我对这件事负责！"然后再想办法补救，别人就会对你信心大增；相反，如果你只是一味地逃避责任，用诸多理由来为自己卸责，渐渐地，你就会陷入一种恶性循环：借口—失败—借口，逃避—懦弱—再失败，悲哀地陷入万劫不复的困境。

我们可以从以下两个事例中，看看推脱找借口的习惯给人带来的影响。

3个月试用期的第一个月，陆亨所在的销售部门就出了一起生产责任事故，因为错过了发货的最佳时机而给公司带来了2万元的经济损失。损失虽然不大，但按照公司的规定，是要追究责任的。

在处理这件事的会议上，陆亨客观地分析了发生这次事故的原因，主动承担了自己应该承担的责任，并且对以后如何避免这种情况的再次出现提出了自己的意见。

他积极的态度赢得了公司领导层的信任。所以，他顺利结束了自己的试用期，也为自己在公司的下一步发展奠定了良好的基础。

任同做事干练果断，有一股子冲劲儿。到这家中德合资公司上了半个月的班后，经理让他也参加与一个大客户签单，意图很明显：给他历练的机会。

签单前，对方征询任同这方对项目还有何建议。其他人都摇头，只有任同站起来发表意见，指出对方在协议书上的多处纰漏，其实这些小纰漏并不会给公司带来不良影响。而且他的语气很尖锐，让对方代表几乎都坐不住了，最后大家不欢而散。

任同出言不慎，致使谈判失败，经理非常生气。事后，任同找到经理为自己百般找借口，说自己指出协议书的纰漏是为公司着想，并没有犯错；自己语气尖锐是因为对方有意欺骗公司，自己对对方的行为非常气愤……经理听后更加生气，当即宣布任同结束试用，提前走人。

初入职场的新人，犯错不可怕，可怕的是对错误不能正确认识。如果你是因为业务不熟悉而犯错，除了承认之外，向部门领导和同事多多请教是最好的办法。如果因你而失去了客户，这时你更要诚恳地检讨自己的言行，承认自己的错误。千万不要犯了错误还拼命找借口，那样就不好了。

面对失败，你唯一应该做的就是接受失败，再接再厉。如果你有推脱找借口的习惯，就要把它们一刀砍掉，因为一个人只有坦率地承认和检讨错误，他才不会重蹈覆辙，才会永远立于不败之地。英国人哈罗德·埃文斯曾经说过这样一段话：

"对我来说，一个人是否会在失败中沉沦，主要取决于他是否能够把握自己的失败。每个人或多或少地都经历过失败，因而失败是一件十分正常的事情。你想要取得成功，就必须以失败为阶梯。换言之，成功包含着失败。关于失败，我想说唯一的一句话就是：失败是有价值的。

"正因为如此，我才敢于对自己的失败负责。这么说，并不是指我必须受到责备，也不是指我会承认自己有罪。不，失败从来就不是什么罪行。而我敢于对自己的失败负责，只是表示承认这种失败是由于我个人的原因造成的。这也是一种责任心。如果我千方百计地为某次失败寻找各种各样的解释，如果我绞尽脑汁地试图证明某次失败是正当的，或者，如果我觉得失败是有害的，我就会失去这种责任心。一旦失去了这种责任心，我就无法取信于人，甚至无法取信于自己。而一旦能容纳自己的失败，我就会变得比失败更强大。"

任何一个人在追求人生胜局时，必然面临挫折，从挫折中汲取教训是迈向成功的踏脚石。真正的失败是犯了错，却到处找借口为自己辩解，而不去分析失败的原因，并从中汲取教训。

如果一个人在生活和工作中养成推脱找借口的恶习，就没有勇气面对那些工作中的失败和挫折，而这些失败和挫折很大程度也是因为他们的坏习惯而产生的。他总是会继续找借口替自己开脱，企图原谅自己。一个人如果不能正确地认识自己，继续粉饰自己的过错、原谅自己，以外界环境的不利来宽慰自己的失败，挽回自己脆弱的面子和可怜的自尊，他也就堵死了检讨错误的道路，就会离成功越来越远。

一个人如果总是习惯于为失败寻找推脱的借口，命运就一定会伺机报复他。所以，工作中我们绝不轻易原谅自己的每一次差错，不为失败和过错找借口，不断地从失败中汲取经验和教训，这样我们才能做好自己的工作，获得领导的赏识。

改掉计较利益的习惯

有一位国际贸易专业的大学毕业生，毕业后在一家航空货运公司里做报关、跟单等工作。他利用业余时间"攻"下了极为难通过的报关员资格考试。几年下来，他就对公司的整个业务流程非常熟悉，并且在海关与几家大客户建立了良好的人脉关系，工作上一帆风顺。但渐渐地，那些琐碎的具体工作已经无法让他产生更大的满足感，而且自从有了那个金字证书之后，公司那微薄的薪水早已让他产生了"叛逃之心"。并且有同事告诉他，在他们这个行业中，像他这样拥有报关员资格和良好业内关系的熟手，绝对应该是业内的抢手人才。于是，他就匆匆地通过一家猎头公司，跳到了另外一家高薪聘用他的企业，但在那里的工作却很不顺利。后来有人告诉他：他原来的那家航空公司在他离任之时，正在对他进行考察，准备给他加薪水提职。此时的他只能追悔莫及……

一个人如果只盯着金钱，那么他很容易就会掉进金钱的陷阱里。我们都要小心控制自己痴迷于金钱的欲望，每个人都要提醒自己，钱只是供你维持合理生活水准的工具而已，金钱绝不是人生的唯一。这个人只看到一时的利益，却忽略了人生的长远发展，他拿到了高薪，却失去了美好的前途。生活中，一些人把金钱看得过重，习惯于把薪水高低作为评判工作好坏的标准。除了薪水之外，他们丝毫不在意对工作是否有兴趣、工作是否与自己适合。结果他们在一个个高薪的诱惑下跳来跳去，无法找到真正属于自己的位置。从现在开始，你必须明白薪水不是你的唯一，未来比薪水更重要。

有这样一个故事：茹长得并不漂亮，是一家建筑公司计算机打字员。她工作的地方与老板的办公室之间隔着一块大玻璃，但她也很少向那边多看一眼，总是低头忙于打不完的材料，因为她明白，工作的认真刻苦、不斤斤计较是她唯一可以和别人一争长短的资本。下班后，她也总是抽时间多看点书，充实自己。一年后，公司的资金出现危机，无奈之下，只好减薪。人们纷纷跳槽，逃离公司，老板坐在办公室里深深感觉到人情冷漠。然而茹却没有离去的迹象，每天早上依然早早地来到公司，仍然打字、接电话，为老板整理文件。

一天，茹走进老板的办公室，直截了当地问老板："您认为您的公司已经垮了吗？"老板很惊讶地说："没有！"她说："既然没有，您就不应该这样消沉，现在的情况确实不好，可许多公司都面临着同样的问题。而且虽然您的3000万元砸在了工程上，成了一笔死钱，可是公司没有死呀！我们不是还有一个公寓项目吗？这个项目就可以成为公司重整旗鼓的开始。"老板沉思良久。隔了几天，茹被派去搞那个项目，两个月后，那片位置不算好的公寓全部先期售出，她拿到4000万元的支票。2年后，她成了公司的副总，帮着老板做成了好几个大项目，又忙里偷闲，炒了大半年股票，为公司净赚了800万元。

后来企业改为股份制公司，老板当了董事长，茹则成了公司的第一任总经理。

当你汲汲于眼前利益时，你也就失去了成功的机会，如果茹当时也为了薪水低而离开公司的话，那她还会有后来的成就吗？

生活中，有很多人把自己的利益和公司的利益分得清清楚楚，工作中表现出例行公事的样子，认为一分报酬一分付出，因为他们认为，公司又不是我的，我干吗那么劳神费力呢？

他们有的人理直气壮地认为他们出售自己的智力和体力，公司发给自己薪水，解决生存问题，实行等价交换，合情合理，天经地义。有的人认为目前的工资太过微薄，竟故意躲避工作，甚至在工作中敷衍了事，心底希望以此来报复他们的老板。可是他们可曾静下心来想过：因为过分计较薪水的高低，把自身与薪水等价交换，他们已经把比工资更重要的东西都放弃了。由于对薪水的不满，他们固然可以不断地跳槽或是在工作中敷衍了事，但长期这样下去，就会因为对短期利益的过分关注而使自己失去学习技能、获得经验、发展专长的机会，将本属于自己的成功机会拱手让人，把自己的希望和前途断送掉，终其一生只能做一个平庸的人。

愚蠢的人赚今天的钱，而聪明的人赚明天的钱，如果你有计较眼前利益的习惯，那就要赶快克服，否则就是占小便宜吃大亏。人生犹如一盘棋，要赢得这盘棋，就必须走一步看三步，看得越远得胜的把握就越大。

忌妒是令人厌恶的习惯

某省的一偏远山区，由于山高路远，交通不便，无论男女，出山的很少，婚姻结合也都是当地"自给自足"。有一年，一个年轻的师范毕业生了解了这里的情况后，自愿分到这个山村来实习。小伙子干净整洁的服饰、洒脱活泼的性格、渊博不凡的学识，像一条清亮的河流给沉闷的山村注入了生机和活力，当然也像一朵艳丽的花招来山里的小姑娘围着他蜂飞蝶舞。可是，时间不长，小伙子竟遭杀害，凶手竟是当地几个年轻人。审讯的时候，问他们为什么杀害这个年轻的教师，其回答竟令人瞠目结舌：山里的小姑娘都围着这个教师转，而瞧不起他们。多么简单、多么轻易的杀人动机！不用过多思考，造成这一悲惨结果的罪魁祸首就是山里男人的忌妒。

这群年轻人实在是很可悲，在一个出色人物面前，他们不是努力向他学习，而是任凭忌妒心理的左右，以恶毒的手段来铲除对手，既害人又害己。

忌妒是一条毒蛇，它使平庸者变得疯狂而残忍，在渐次增长的忌妒中无情地伤害别人且成为一种可怕的惯性，并最终使忌妒者走向一条狭窄的人生道路，也使受妒者受到极大伤害。

习惯忌妒别人的人，时时刻刻绷紧心上的一根弦，时刻处于紧张、焦虑和烦恼之中。他们不能平静地对待外部世界，也不能使自己理智地对待自己和他人。他们对比自己优秀的人总是怀着不满和怨恨之情，对比自己差的人又总是怀着唯恐他们超过自己的恐惧之心。因此，他们终日惶恐不安，心理压力很大，活得很累，而且忌妒和猜忌有不解之缘，有猜忌必有疑心，有疑心必然胡乱猜测和树敌、自寻烦恼和痛苦。在某种程度上，可以说忌妒者到处寻找刺激，到处寻找怨恨，到处寻找包袱自己背。他们的痛苦最多，思想包袱最重。严重的忌妒者终日生活在自我袭扰中，在自我痛苦和烦恼中度日月，煎熬生命，而又无力自拔，这样很容易引起精神分裂症。

忌妒的习惯会让人一生碌碌无为。忌妒的受害者首先是忌妒者自己。莎士比亚说得很确切："忌妒是绿眼的妖魔，谁做了它的俘虏，谁就要受到愚弄。"忌妒者经常处于愤怒忌恨的情绪中，势必影响自己的学业、工作和生活。生气是用别人的缺点来惩罚自己，忌妒却是用别人的优点和成就折磨自己，因而它就更加残酷无情地毁掉自己一生的前途和事业。自己不上进，恨别人的上进；自己无才能，恨别人有才能；自己无成就，恨别人获得了成就。忌妒者的光阴和生命就在对他人的怨恨中毫无价值地消磨掉，到头来两手空空，一事无成。俗话说："世上本无事，庸人自扰之。"忌妒者都是庸人，他们给自己制造"对手"，树立对立面；他们给自己制造不平静，所以，忌妒者都是无事生非和无事自扰的庸人。

人一旦养成了忌妒的习惯，不仅害人，也会害己。首先，这种人不仅心理发生变化，生理也发生变化，常见的是情绪变化异常，食欲不振，夜间失眠，内心痛苦不堪。正如巴尔扎克所说："忌妒者的痛苦比任何人遭受的痛苦都大，他自己的不幸和别人的幸福都使他痛苦万分。"施特劳斯是奥地利的音乐家，后来，他的儿子约翰·施特劳斯也成了音乐家，而且名气超过了其父，这使做父亲的十分忌妒。一天，儿子发出海报要举行音乐会，父亲闻讯立即宣布，在同一天的同一个时间也要举办音乐会。可是观众们都跑到了儿子那里，这使老施特劳斯又愧又恨，一下子就病倒了，并说："我但求速死。"由此可见，忌妒者多受难耐的折磨。

既然忌妒的习惯无论对他人还是对自己都有害，那我们就应当努力去战胜它。

1964 年的因斯布鲁克冬季奥运会上，意大利的欧金尼奥·蒙提和沙治奥·萧佩斯是双人雪橇赛的大热门。他们等待第二次滑行时，看到英国队的东尼·纳希和洛宾·狄克森二人垂头丧气。这两位在比赛前不受重视的英国选手第一次滑行时成绩一鸣惊人，但事后发现他们雪橇后轴上的一枚螺栓断了，看来只好退出比赛。蒙提完成了他的第二次滑行后，迅速把自己雪橇上的螺栓拆下来给纳希，使纳希和狄克森二人顺利完成了第二次滑行。这次比赛的结果是奥运史上最出人意料者之一：英国队赢得了金牌，精神可嘉的蒙提只得了季军。4 年后，蒙提在另一届冬奥会上双喜临门，获得双人雪橇及四人雪橇两项冠军。

当然，要做到这一点，就必须增强自己的意志力。忌妒的习惯并非天生的，而是在后天的一定的环境教育条件下逐渐形成的。因此，需要通过自我控制、自我调节，增强自己的意志力，逐步克服它。更重要的是敞开自己的胸怀，容下别人。如果在团体中，有机会做领袖固然可以当仁不让，没机会去领导别人时，就退而甘愿接受别人的领导。人的一生毕竟是短暂的，当忌妒缠绕自己时，会感到人生之路越走越窄；当从忌妒中走出时，顿时有一种海阔天空的感觉。

忌妒是一个令人厌恶的习惯，最先被忌妒之火烧毁的，往往是自己宁静的生活而不是别人的成功。所以，我们要努力战胜它，做到"室藏美妇邻夸艳，君有奇才我不贪"。这样，你的生活就会充满阳光和欢乐。

不专注白白浪费时光

金英是位室内设计师，29 岁开始创业，她的工作室就设在家里。她说："我从没有想到自己会干这一行，我曾梦想做个艺术家，但画画却不能当饭吃。"由于她对建筑的兴趣与对家具摆设的独到眼光和巧妙运用空间的能力，使得她相当受欢迎。但开始并不顺利，创业的头 3 年，她的顾客主要都是朋友，多半是三十出头的年轻夫妻，刚开始有点积蓄，买下公寓请她设计，而她所提出的装潢风格与预算也都能符合他们的要求。

然而她发现，和这些顾客合作虽然很愉快，但却不能让她赚什么大钱，她需要年纪大一点、钱多一点的顾客才行。

渐渐地，一传十、十传百，她的客户越来越多，在这行做了 10 多年后，她发现，自己的艺术天赋逐步显露出来，其中她最感兴趣的是装潢所用的织品，"只要用对了，整个房间就会变得很有味道，也会很雅致。"她觉得这种兴趣并不脱离本行，研究一下也无妨。

不过，由于太过沉迷于织品设计，她反而忽略了室内设计的工作。如果金英在大公司工作，可能早就有人提醒她专注自己的本分了，然而她自己却认为这件事只是她工作范围的延伸罢了。为了深入了解这些织品的制造，她甚至亲自到一些大的纺织厂去实地参观考察。

两三年后，她接下一家小厂的设计工作，主要设计的是秋季织品。虽然她仍在从事原来的室内设计工作，但她已经没有多少心思放在室内设计上了。

但纺织品设计并不像她所想象的那么简单，她还得知道流行的趋势、大众的口味、市场的需要，以及合理的价格，等等。虽然技工能制造出完全符合她设计的成品，但却无法获得消费者的喜爱。销售经理反复地告诉她："没有人能把这种垃圾卖出去！"她和纺织厂老板也因销售问题大吵了起来。

更糟的是，她室内设计的工作也出了问题，几个客户找她的时候找不到，而她对这份工作的漠不关心，也使他们义愤填膺，而她找的承包商又携款而逃，令她大受打击，还得自掏腰包，赔偿顾客的损失。她的口碑越来越糟，再也没有人请她做设计，她的工作室关闭了。

金英如果始终专注于自己的老本行——室内设计的话，那么她可能会成为一名优秀的室内设计师，但由于不专注，她的事业被她亲手毁掉了。

现实生活中，像这样因不专注而导致事业失败的例子是非常多的，不专注的习惯已经成了危害事业成功的主要原因之一。

一位老师给她的学生讲了一个故事：一只狗追着老鼠进了森林，危急时刻，老鼠钻进了树洞里，树洞只有一个出口，狗就守在洞口。突然从树洞里钻出了一只兔子，兔子被狗吓得蹿上了树，树上正好有一窝松鼠，松鼠又被兔子吓得乱窜，结果一不小心掉下了树，把狗砸晕了。故事讲完后，老师就说："你们有什么要问我的吗？"学生就七嘴八舌地说了起来：有的说兔子不会

53

爬树，有的说松鼠那么轻，怎么能把狗砸晕呢？平静下来之后，老师笑了，说："同学们，有一个重要的问题为什么没有人问我呢？那只老鼠哪儿去了？别忘了狗一开始就是为了追老鼠才进的森林呀！"

孩子们在面对诱惑时，便忘记了初衷，不仅是孩子，很多大人也会犯类似的错误：他们在工作之初还能把握自己的目标，但当诱惑出现时，他们就开始分心了。这种习惯使得他们不能集中注意力做好手头的工作，不是耽误了时间，就是错过了机会，结果很难得到他们想要的东西。某大学的一位教授指出："不能紧紧盯着自己追求的目标工作，也就无法专心致志地做手头的事，结果便大大地降低了工作效率，影响了目标的顺利实现。因此，一个人在做一件事时，不能同时想着另一件事，而应该把注意力集中在此时此刻所做的事上。要清除头脑中那些分散注意力、产生压力的想法，排除分散注意力的一些人和事情的干扰使你的思维完全集中到当前的工作状态。"

姜山是个很有才能的人，但却总是无法成功。他大学时学的是经济管理，毕业后在出版社工作几年后，他又跑出去自己创业，办了个咨询服务公司，为客户做财务产品、销售、存货等项目的咨询服务。他工作勤奋，总能提供给客户有价值的建议，更难得的是，他还会主动地去发掘问题，让客户未雨绸缪。一段时间以后，他的咨询公司名气渐渐响亮了起来，他的同学都说，姜山将会成为他们中的第一个大老板，姜山自己也颇为得意。然而，好景不长，一年后姜山的公司就解散了！原来姜山刚刚有了些闲钱，就迷上了影视制作，他以 80 万元投资一部电视剧，当时朋友们都劝他："咨询服务刚起步，又做得很不错，应该把精力都集中在这上面，没事投资什么电视剧啊！这不是不务正业吗！"但姜山却什么也听不进去，最后电视剧拍得乱七八糟，钱却全赔进去了，而他的咨询公司也因员工集体辞职，失去信誉而解散了。

姜山在开始的时候，还雄心勃勃地要在咨询业闯出一片天地，但他碰到更刺激的影视制作后，就偏离了自己的目标。不专注的结果就是鸡飞蛋打，一无所有。

不专注的习惯，使一些人总是被闲事所纠缠，弄得筋疲力尽，心烦意乱，不能静下心来做该做的事，很多人就是因为难以摆脱这个习惯，而一生碌碌无为。所以，我们必须警惕不专注的习惯，它会拉开你与成功的距离。

不专注的习惯会使你被外界的干扰所困惑，而难以自拔，白白浪费大好时光，到头来空留遗憾。所以，我们如果找到了目标，就要尽力排除干扰，专注于自己的工作，直到达到目标为止，千万不要让不良习惯牵着我们的鼻子走。

见异思迁是最大的坏习惯

招聘会上，一名男子在应聘某知名企业时，表现得十分自信。他拥有硕士学位、高级职称，11 年工作经验。人事经理对这

55

样的高级人才非常感兴趣，他温和地询问应聘者都做过什么工作。该男子志得意满地开始了他的一连串介绍：1994 年，我在广州××公司担任经理助理，1995 年 1 月，我在上海××集团担任业务经理；1995 年 11 月，我在北京××厂担任……随着他的介绍，人事经理的眉头越皱越紧。该男子毫无查觉，又总结性地说道："我先后在 13 家单位担任过不同的职务，所以对于企业各部门的工作，我都是比较熟悉的，而且——""先生，"人事经理打断了他的话，"虽然你的工作经验丰富，但先后跳槽 13 家公司，这太让人吃惊了。我们需要的是对公司绝对忠诚的员工，恐怕您不太适合在我们公司工作。而且说句实在话，您这样频繁跳槽，让我对您的能力也不得不表示怀疑。"

这名男子虽然拥有很不错的条件，但却因为频繁跳槽的习惯而遭到了拒绝。随便跳槽确实不是什么好习惯，从企业方面讲，会对你产生严重的信任危机；更糟糕的是，这种习惯会使你无法专注于自己的选择，到头来一事无成。

要想在事业上取得成功，就需要有坚定不移的耐力，因为专业知识、业务技能都需要时间来慢慢积累。而一个频繁跳槽的人，就如同蜻蜓点水一样，永远只能停留在工作的表面上，何谈成就人生？

邵刚从地质大学毕业后分到一家甲级设计院，单位的技术力量雄厚，效益也不错。他在这里干了 7 年，顺利评上了工程师，还参加并主持了许多工程项目，成为本单位小有名气的年轻专家，而且当时单位里各专业的技术负责人都是 50 多岁的人。只要邵刚再耐心等两年，评个副总没问题。但是年轻气盛的他看不惯这种论资排辈的制度，心想"树挪死，人挪活"，不顾单位领导的再三挽留，辞去了工作，去了一家外企做企划。邵刚特别喜欢白领的工作氛围，加上部门主管喜欢他的写作风格，很快他就进入了工作角色。主管还不时地鼓励他，只要邵刚继续这样干下去，提职加薪会很快的，最多5年的光景他就会成为公司的高级管理人员。而两年后，就在邵刚要提职时，主管神不知鬼不觉地跳槽了。而新来的主管比邵刚还要年轻，并且不欣赏他写的材料，经常要邵刚改好几遍他才满意。邵刚觉得主管为人苛刻，干下去没意思，于是他再次走人。

邵刚这次到了一家合资企业从事广告策划，刚开始这家企业效益不错，但不久就因为金融危机的影响，业务量直线下降。邵刚汲取了第一次的教训，没有立即抽身而去，而是坚定地与公司同舟共济，共渡难关，3年后他被提升为部门经理，可公司一直没有走出困境，不久就倒闭了，提职成了泡影是小事，最要命的是邵刚还得另找出路。

后来，邵刚又跳了几家单位做业务，业务本来就难做，再加上不少公司本来就是短期行为，邵刚始终没有找到可以立足之地，一直苦苦挣扎着。有一天，邵刚顺路来到了第一个工作单位，那里变化很大，老一代早已全都退休了，各级领导和技术负责人大都是和他同年毕业的人，他们一般的也是院属二级单位的副总，最不济的那一个也是主任工程师。而邵刚却到了36岁还无处生根，想到这里，他的眼泪夺眶而出……

邵刚就像一个没有耐心的挖井人，选定一个地方，挖了几下，发现没有井水流出就立刻转向它处重新开始，在新的地方挖几下也没有水，于是他又换了个地方重新开始，就这样一连换了好几个地方，最终他也没挖出一口能出水的井。生活中，像邵刚这样的人还有不少，他们没有个人发展的长远规划，这山望着那山高，结果一辈子为跳槽而跳槽，在职场上奔波劳碌，到头来一无所获。

事实上，任何一个公司的内涵和企业文化不是一个人在三五个月就能学得到的，无论是搞专业还是学管理，只有去掉浮躁，踏实进取，潜心修炼，不断学习，不断积累，才能让自己获得更快的进步，并且让自己在学习和进步中得到更多的快乐与收获，用努力工作，杰出的业务成绩赢得同事的尊重和老板的赏识，取得应有的报酬，从而成就自己的人生。

如果你习惯于频繁跳槽，总将精力分散在下一个"更好"的工作上，那你就会永远两手空空。所以，千万要改正这种不良习惯，选定自己的发展方向后，就要踏实工作，凭着不断地积累与开拓，你一定能登上事业的顶峰。

耍小聪明要不得

张阳是一家大公司的高级职员，平时工作积极主动，表现很好，待人也热情大方。但有一天，一个小小的动作却使他的形象在同事眼中一落千丈。当时在会议室里，好多人都等着开会，其中一位同事发现地板有些脏，便主动拖起地来。而张阳身体似乎有些不舒服，一直站在窗台边往楼下看。突然，他走过来，一定要拿过那位同事手中的拖把。本来差不多已拖完了，不再需要他的帮忙。可张阳却执意要求，那位同事只好把拖把给了他。刚过半分钟，总经理推门而入。张阳正拿着拖把勤勤恳恳、一丝不苟地拖着地。这一切似乎不言而喻了。从此，大家再看张阳时，顿觉他很虚伪，以前的良好形象被这一个小动作一扫而光。说来也巧，在参加会议的众多职员中，有一个刚好是总经理的小舅子。结果不用说了，张阳以后再也没被重用过。

张阳因为耍小聪明而被老板"冷冻"了起来，他为他的"聪明"付出了高昂的代价。其实生活中还有很多张阳式的人，他们养成了在工作中投机取巧的习惯，认为只要老板在身边的时候表现出色就可以了，老板不在，又何必拼命呢？像这种"聪明人"只能一时得利，他们的"聪明"迟早会害了他们自己。

马昆在学校里是一个很活跃的人，一直被朋友们十分看好。可是让朋友们吃惊的是，都毕业几年了，马昆还经常跑人才市场。而让朋友们大跌眼镜的是上学时默默无闻的孙亮，此时已经成为一家日化用品公司在华北地区的市场总监。

这是怎么回事呢？让我们先看看他们这几年的工作经历。

离开学校后，马昆应聘做了一家宾馆的大堂经理。由于爱耍"小聪明"，所以刚开始挺受重用。可过不多久，他的那些"西洋镜"就被一一拆穿，老板马上就将他"冷冻"起来。无奈之下，马昆只好卷铺盖走人。

之后，马昆又进了一家中德合资企业。德国人严谨实干的作风当然又是马昆不能"忍受"的。

马昆后来又在新加坡人、日本人、美国人……的公司工作过。这几年，马昆的老板都可以组成一个"地球村"了，可马昆却还是在职场游荡。

孙亮则不同。大学毕业后他就进了这家日化公司的销售部。之后，他勤奋工作，默默地积累工作经验。他对行业渠道的熟悉程度使上司很是赏识，对公司产品更是了然于胸。他的才干很快得到上司的肯定。当该公司华北地区市场总监的位子空缺后，公司总部就让他顶了上去。

他们的经历真像一位大学生所说的："毕业以后，我们发现了彼此的不同，水底的鱼浮到了水面，水面的鱼沉到了水底。"

其实在我们的周围，有很多人本身具有达到成功的才智，可是每次他们都是与成功失之交臂，于是觉得老天对他不公平，怨天尤人。他们没有认真地检讨过自己，总是不愿意踏踏实实地去做好自己的本职工作，总是期望很多，付出很少，内心不屑去做他们心中的"一般的小事"，认为他们被大材小用。认为是小事，就开始耍起小聪明，投机取巧，得以蒙混过关。但是他们没有静下心来想一想：能蒙得过一次、二次，能总是混过去吗？一旦让老板察觉，就会留下极坏的印象，建立一个好的印象需要长期的考察，而坏印象却在一瞬之间。而且坏印象的改变是很难的，犹如一张白纸，整张白纸的白不如上面一个墨点的黑给你留下的印象深。即使老板这一次原谅了你，但是老板以后就可能不再信任你，因为你的人格在他的心目中已经打了一个折扣。所以，有人觉得与成功无缘，总是怨天尤人，抱怨老板不识人才，只把一些零碎小事交给他们，不给他们施展才华的机会。其实真正的原因不是老板不把机会给他们，而是他们自己把机会拒之门外。在老板的心中，其以往的投机取巧已经被打上不踏实、不可靠、不能委以重任的印记。在一个公司中，如果再也没有机会从事重要业务，何以谈将来？何以谈前途？

投机取巧的习惯对你有百害而无一利，任何一个老板都不可能永远被你的"小聪明"蒙骗住。一分耕耘，一分收获，踏踏实实地工作才能成就你的事业。

如果你不幸养成了投机取巧的习惯，那么即使你学识再高、本领再大，也绝不会有出人头地的一天。但如果你能一步一个脚印地工作，用心地做好每一件事，那么你就可以把自己带到明天的最佳位置。

一失足成千古恨

某报社曾有个年轻的通讯员，在报道某企业当年的成就时，因为一时的马虎把"千"字错写成了"万"字，结果新闻在报纸上登出后，当地的税务部门立刻找到这家企业的老板，严厉批评他们说："你们公司隐瞒实际收入，企图偷税漏税，现在必须补缴税款！"老板听了之后感到十分奇怪，因为公司确实是按实际收入缴税的，没有任何隐瞒收入的违法行为，于是就与税务部门争辩，税务部门人员说："你们还拒不承认，更应该加重处罚，你们说没有隐瞒收入，但是报纸上已把你们的收入登出来了，与你们上报的出入太大，你们还不承认？"老板没办法，只得找来报纸，并协助税务部门重新核查账务，结果才发现是那个通讯员的马虎所致！

通讯员的马虎粗心，给这家公司带来了麻烦，幸好没有造成损失，解释清楚就可以了。然而很多时候由马虎粗心所造成的损失是无法补救的。所以，如果你有马虎的习惯，就要尽快纠正过来，否则说不定什么时候，它就会让你吃大亏。

马虎所带来的危害还有更严重的：不经意抛在地上未灭的烟蒂，可以让整幢楼化为灰烬；调度员看错两分钟，使两辆满载乘客的列车高速相撞，很多原本幸福的家庭妻离子散；医生的一时粗心，把手术钳留在病人体内，结果让病人备受痛苦，医生前途无"亮"……

有这样一句谚语，我们可以躲开一头大象，却躲不开一只苍蝇。

当然，许多小事也确实易被人疏忽，这就需要我们平时多努力。只有当我们在意识中对它们有充分的警戒心，就能够注意并克服掉马虎粗心的恶习。时刻对马虎轻率保持高度的警惕心，并养成细心严谨的工作态度，时间长了就会形成细心严谨的工作作风进而形成良好的习惯，培养优秀素质，而习惯常常决定一个人的成败。有的人可能会说："我生性就是粗枝大叶、大大咧咧，马虎粗心是天性所致，我也不想这样，可是我很难做到细心谨慎，怎么办呀？"其实完全不必担心，世上没有十全十美的人，即使是那些功成名就的伟人，他们一开始也是有这样那样的缺点的，有了缺点不可怕，只要改掉就行，而且他们也都是这样做的，最终成就了自己的一番事业。

所以，不要认为你自己不能改掉这种恶习，如果你总是这样想，它就成了你坚持错误的借口。如果你不想也不去改掉这个恶习，你就当然无法成功，因为马虎轻率是成功的致命杀手，它不但会让你失去未来的成功，甚至毁掉你已经取得的成就，而这个过程，马虎轻率只要瞬间的过程，而你以前的成就却是辛辛苦苦奋斗了多少年的结果！因为马虎粗心，你不可能在工作中做到精益求精、尽善尽美。尽管从客观来说你工作确实很努力、很敬业，但是你的工作成果却总是不能让人满意，总是与目标之间有一点点差距，而这个差距只要你再付出一点点精力和努力就能达到，而你却没有做到。长此以往，你的上司就会对你失望，对你不信任不放心，甚至怀有戒备之心。想想你在公司还有发展前途吗？更严重的是，你能否保住这个工作都是一个未知数。因此，不管粗心是天性所致也好，是后天养成的恶习也罢，只要你是追求成功、拥有远大理想的人，只要你下定决心，相信自己，就一定能够克服这个坏毛病。

历史上有"一失足成千古恨"之说，职场上有一失误成千古恨的教训。马虎不但会让你不能继续获得成功，甚至还会毁掉你已经取得的成就，所以你一定要摘掉"马大哈"的帽子，这样你的前途才会一片光明。

别让贪婪成为一种习惯

有一个放羊的男孩，一个偶然的机会，他发现了一座金光闪闪的宝库。他不急不忙地将羊赶回老财主家，又如实地将这一天的发现告诉了财主。财主一把将放羊的男孩拉到身边，急切地问藏金子的宝库在哪里。男孩把藏金子的宝库的大体位置告诉了老财主，老财主马上命令管家与手下们直奔男孩放羊的那座山，还担心男孩的话不真，让男孩为他们带路。

财主很快见到了那座金库，高兴得不得了。他想：这下我可发大财了，他赶忙将金子装进自己的衣袋，还让一起进来的手下猛拿。就在他们把小男孩支走，准备带走所有金子的时候，洞里的神仙发话了："人啊，别让欲望负重太多，天一黑下来，山门就要关了，到时候，你不仅得不到半两金子，连命也会在这里丢掉，别太贪婪了。"

可是财主哪里听得进去，他想：这个山洞这么空阔，且又那么坚硬，不会一下消失的。拥有了这些金子，出去后我不就是大富翁了吗？于是财主不停地搬运，非要把金库搬完不可。不料，一阵轰隆隆的雷声响起后，山洞全被地下冒出的岩浆吞没了，财主再也没能出去。

如果财主能稍微控制一下自己的贪念，他就可以成为大富豪，一生吃喝受用不尽，但他却未能做到这一点，终于在贪得无厌心理的驱使下丢掉了性命。有人可能觉得财主太愚蠢，但事实上，生活中也有很多"财主式"的人物。他们在生活中养成了贪得无厌的习惯，并因此而做出许多令自己后悔的事。

有这样一则寓言故事，值得我们深思。

一只死去的大象静静地躺在幽僻的河边，正巧被一只出来寻觅食物的豺看见了。豺高兴地想："哇，我今天运气真好！"

它快步来到大象身边，并用力朝着象鼻咬了一口，但是象鼻硬得就像根木头，豺生气地破口大骂："这是什么鬼玩意儿，居然咬不动！"

于是，它回头去咬象耳，没想到还是咬不动，转到象的腹部仍然咬不动，它东咬一口，西咬一口，大象的全身几乎都咬遍了，仍然没有一个可以被咬下一口的部位。

它哀怨地说："怎么办，我快饿死了，怎么没有一个地方咬得动呢？"

最后，它找到了大象的屁股，再次用力一咬，这回居然咬动了，而且咀嚼起来就像刚刚活捉的小羊的肉，既松软又可口。

这会儿豺开心地自言自语说："这才像样，看来大象身上最柔软可口的地方，只有这里了！"

只见贪吃的豺，从大象的屁股开始，不断地往里头钻食。

它从屁股吃到了象肚，当它吃完象的内脏，喝了几口象血之后，便舒服地躺在象肚里睡觉。

它醒来时，想了想："照理说，该出去了。可是这么大的一头象我怎么能放弃呀！不如就待在里面吧！这样整头大象就都是我的了！"

就这样，豺在象肚里舒舒服服地住了下来。

只是它没料到，在烈日的照射下，大象的尸体开始紧缩，特别是送入空气的肛门处，已经越缩越小。

终于有一天，豺醒来时，象肚里居然一片漆黑。其实在这之前象肚里的肉质早就变硬，象血也早已枯竭了，但是已经安逸于象肚里的豺，一点也不介意，直到伸手不见五指时，它才警觉到大事不妙了。

豺发现出口不见了，感到万分惊恐，不住地在象肚里东突西窜，又撞又踢，只是不管它怎么撞，就是撞不出一个逃生的出口。

直到有一天，天下了一场大雨，象尸因为浸泡在雨水中，全身开始发胀，不久肛门口也松开了，透进了一点微光。

豺看见这点微光，开心地来到肛门口："得救了！"

只见它用力地冲向出口，终于拼命地钻了出来。只不过，因为用力过猛，它身上的毛，居然全被象皮给磨光了。

它逃出象肚，立即奔到河边喝水解渴，这才从河的倒影中，发现自己居然全身光秃秃的。豺叹了口气："唉，都怪我太贪心了，现在弄成这副德行，怎能见人呢？"

许多人都像故事里的豺一样，无法控制自己的贪念，最后落入了陷阱。下面是两个生活中的例子，或许可以使你更深刻地认识贪得无厌的危害性：

例一：几个愁眉苦脸的女人坐在一起谈论炒股的经验。一个说："都怪我太贪心！那支股票是我84元买进的，9天后就涨到

66

99 元，这么算一下，我大概赚了 27000 多块钱，唉！可我想才 9 天就涨这么多以后还会涨。过了两天涨到 403 元了，大家都劝我抛，可我想说不定还能涨，谁知道隔了一天就狂跌，害得我被套牢了！""我比你更惨！"另一个人有气无力地说："我炒股的 3 万多块钱，是我和老伴的养老钱。一个熟人给我推荐了一支股票说肯定能涨，我就把钱全投进去打短线。后来果然涨了，每涨一点我就对自己说再涨一点我就抛，就这样涨啊涨，最后突然就跌了！我还没反应过来，就下跌不到 1 万块钱了！我的老伴到现在还怪我呢！唉，那时候不那么贪心就好了！"

例二：王某是某企业的出纳员，后来因贪污巨额公款被判 14 年刑，在监狱里他悔恨地向狱友讲述了他的心路历程："我其实是个很本分的人，从来就没打过公款的主意。可有一次我的老岳父病了，急需钱救急，我一咬牙就从公款里抽出 2600 元，当时是想过两天就补上。可是慢慢地我有了其他想法：要是这钱不必还多好！我是老出纳了。随便动动手，就从账上把这笔钱抹平了。尝到了甜头，我就更贪心了，我一次又一次地想法儿捞钱，每一次我都对自己说：'这是最后一次了！'但想要停手哪那么容易，我已经成了习惯！后来被发现了，我都悔死了！都是贪婪害了我呀！"

以上两个例子中的人，都是因为贪得无厌而害了自己。生活中，很多人都因为贪得无厌的习惯而堕落，他们为了满足贪欲铤而走险，最终做出了让自己后悔不已的事。这实在是很可悲的。

当贪婪成为一种习惯时，人的脚步就会走偏，直到酿成大错。不要让这种错误的习惯扭曲了我们的生活方向，我们可以享受生活，但不能沉溺于对物质无休止的追求中。唯有知足，我们才能开心地享受人生。

狭隘会扭曲人的心灵

一个农夫请无相禅师为他的亡妻诵经超度，佛事完毕之后，农夫问道："禅师，你认为我的亡妻能从这次佛事中得到多少利益呢？"

禅师照实说道："当然，佛法如慈航普度，如日光遍照，不只是你的亡妻可以得到利益，一切有情众生无不得益呀。"

农夫不满意地说："可是我的亡妻是非常娇弱的，其他众生也许会占她便宜，把她的功德夺去。能否请你只单单为她诵经超度，不要回向给其他的人。"

禅师慨叹农夫的自私，但仍慈悲地开导他说："回转自己的功德以趋向他人，使众生均沾法益，是个很讨巧的修持法门。'回向'有回事向理、回因向果、回小向大的内容，就如一光不是照耀一人，一光可以照耀大众，就如天上太阳一个，万物皆蒙照耀；一粒种子可以生长万千果实，你应该用你发心点燃的这一根蜡烛，去引燃千千万万支的蜡烛，不仅光亮增加百千万倍，本身的这支蜡烛，并不因而减少亮光。如果人人都抱有如此观念，则我们微小的自身，常会因千千万万人的回向，而蒙受很多的功德，何乐而不为呢？故我们佛教徒应该平等看待一切众生！"

农夫仍然顽固地说："这个教义虽然很好，但还是要请禅师为我破个例吧。我有一位邻居张小眼，他经常欺负我、害我，我恨死他了。所以，如果禅师能把他从一切有情众生中除去，那该有多好呀！"

禅师以严厉的口吻说道："既曰一切，何有除外？"

听了禅师的话，农夫更觉茫然，若有所失。

自私、狭隘的心理，在这个农夫身上表露无遗。每个人都希望自己好，但如果你容不得别人好或别人比你好，那就是自私加狭隘。自私、狭隘的习惯会毁了自己的生活，我们必须努力使自己学会与人分享。

吃独食容易招来大家的忌恨，结果看起来是占便宜，其实却是吃了大亏。因此，有了好处就要雨露均沾，这样别人有了好处时才会想着你。

村里有两个要好的朋友，他们也是非常虔诚的教徒。有一年，决定一起到遥远的圣山朝圣，两人背上行囊，风尘仆仆地上路，誓言不达圣山朝拜，绝不返家。

两位教徒走啊走，走了两个多星期之后，遇见一位年长的圣者。圣者看到这两位如此虔诚的教徒千里迢迢要前往圣山朝圣，就十分感动地告诉他们："从这里距离圣山还有 7 天的路程，但是很遗憾，我在这十字路口就要和你们分手了，而在分手前，我要送给你们一个礼物！就是你们当中一个人先许愿，他的愿望一定会马上实现；而第二个人，就可以得到那愿望的两倍！"

听完了圣者的话，其中一个教徒心里想："这太棒了，我已

69

经知道我想要许什么愿，但我绝不能先讲，因为如果我先许愿，我就吃亏了，他就可以有双倍的礼物！不行！"而另外一个教徒也自忖："我怎么可以先讲，让我的朋友获得加倍的礼物呢？"于是，两位教徒就开始客气起来，"你先讲吧！""你比较年长，你先许愿吧！""不，应该你先许愿！"两位教徒彼此推来推去，"客套地"推辞一番后，两人就开始不耐烦起来，气氛也变了："烦不烦啊！你先讲啊！""为什么我先讲？我才不要呢！"

两人推到最后，其中一人生气了，大声说道："喂，你真是个不识相、不知好歹的家伙啊，你再不许愿的话，我就把你掐死！"

另外那个人一听，他的朋友居然变脸了，竟然来恐吓自己！于是想，你这么无情无义，我也不必对你太有情有义！我没办法得到的东西，你也休想得到！于是，这个教徒干脆把心一横，狠心地说道："好，我先许愿！我希望……我的一只眼睛……瞎掉！"

很快，这位教徒的一只眼睛瞎掉了，而与他同行的好朋友，两只眼睛也立刻都瞎掉了。

狭隘的心理不但让两个好朋友闹翻脸，甚至还让人通过伤害自己的方式来毁灭他人。如果一个人养成了狭隘自私的习惯，那么他会变得多可怕呀！所以我们必须学会和他人分享。

林帆被老板叫到办公室，他领导的团队又为公司的项目开发做出了杰出贡献。送茶进去的秘书出来后告诉大家，老板正在拼命地夸林帆，她从来没见过老板那样夸一个人，研发小组的几个人脸沉了下来："凭什么呀！那并不是他一个人的功劳！""对呀！

为了这个项目，我们连续加了 17 天的班！"正在这时，老板和林帆来到了大厅。"伙计们，干得好！"老板把赞赏的目光投向几个组员，"林部长向我夸赞了你们所付出的努力！听说有两个人还带病加班是吗？真诚地谢谢你们！这个月你们可以拿到 3 倍的奖金！"老板话音刚落，几个同事就冲过去拥住林帆一起欢呼起来，并表示以后会跟着林帆，为公司继续努力工作！

懂得分享的人，才能拥有一切；自私狭隘的人，终将被人抛弃。无论是工作中还是生活中，我们都要摒弃自私狭隘的习惯，否则我们就会伤害到自己。

狭隘的习惯会扭曲人的心灵，造成心理贫穷，并最终使人毁灭自己。我们应该明白：不付出就不会有回报，不给予就不会有收获，我们应该一起分享而不是独占。

虚荣只会伤害自己

有人为了虚荣不惜打肿脸充胖子，外面看上去很光彩，但吃苦受罪的还是自己，为了外表的光彩而遭受实在的痛苦。莫泊桑有一篇关于虚荣心的小说《项链》，女主人公玛蒂尔德和丈夫结婚后，总在幻想自己家里富丽堂皇，摆满了银器，生活优越奢华。虽然丈夫对她百般呵护，疼爱有加，她仍然不满足于现状。她渴望步入上流社会结交权贵，成为人人羡慕的贵妇。

一次偶然的机会，丈夫为她弄到一张舞会的票，由于舞会上有达官显贵，她高兴至极，用家里的积蓄为自己精心定做了一套晚礼服。可是，却没有与之相配的首饰珠宝，她只好去找朋友借，朋友倒是非常客气，让她在自己的首饰盒里随便挑，她选中了一串钻石项链，舞会那天的晚上，她光彩照人，跳了个尽兴。

回到家之后，她依然不能忘记自己在舞会上受人追捧的情景，她想要在镜子面前仔细欣赏一下自己迷人的风采，却发现项链不知在什么时候丢了。她吓得魂飞魄散，和丈夫一起找遍了大街小巷仍然一无所获，最后在一家珠宝商人那里看到了和那串一模一样的项链，价格却高得吓人。但是为了还朋友的项链，她只好以借贷的形式买下了那串项链。

为此，她付出了10年的青春让丈夫和她一起还那串项链的借款。10年之后，当她再一次和朋友相见时，朋友怎么都认不出她了，因为她看上去比实际年龄老了很多，穿得也破烂不堪，手上的皮肤干涩而粗糙。

10年的苦难她其实没有必要去受，虚荣毁了她，让她为那条项链付出了昂贵的代价。

现实中，类似的例子还有很多，许多人因为虚荣吃亏上当，甚至有苦说不出，打掉牙往肚子里咽。

小镇里有一个人在家里特怕老婆。可是为了争面子，外人面前他从来都说自己是一家之主，老婆什么事儿都依着他。一天，一个小贩背了一卷地毯沿街叫卖，他和一帮邻居在树下纳凉，津津有味地和邻居说着老婆怎么怎么怕他。碰巧这个小贩过来了，小贩把一卷地毯放在他面前，听完他的高谈阔论之后，就开口和他讲生意："大哥，你买一块地毯吧，回去铺在地上又美观又干净，累了往上一躺，都不用脱鞋。"众人让这个小贩打开地毯看一看，花色确实很漂亮，就劝他买下，他佯装称赞一番，又说有点贵，不买。

小贩把价钱降了一降，他却仍然说贵。小贩和他磨了半天嘴皮子仍然无法动摇他的决心。这时，小贩卷起了地毯，拍拍他的肩膀说："大哥，是怕老婆吧！做不了老婆的主就明说嘛！我不会为难你的。"只见他一下子从耳根红到脸，眼睛瞪得溜圆："谁说的，我老婆在家得听我的，我让她往东，她不敢往西，我做不了她的主，反了她了。到底多少钱？我买了。"小贩一下子眉开眼笑："大哥，看你这么爽快，那就 300 元了，便宜卖给你，以后咱俩做个朋友。"就这样，一笔交易完成了。后来，听说他买回去的那块地毯质量差得要命，他被老婆狠狠地骂了一顿，却一声都不敢回。这就是虚荣的结果，为了撑起一个在别人眼里的高大形象，只好自己吃亏受累。

人其实没有必要活得那么累，每个人都有自己的人生路，假如人人都让这种虚荣心左右，那么还有什么个性可言，世界会少了多少色彩？你就是你，我就是我，这个世界比你强的人有很多，比你差的也同样也不少，用心活出一个个性的自我，就是你自身的价值所在。

眼高手低导致一事无成

李楠毕业于某大学外语系，她一心想进入大型的外资企业，最后却不得不到一家成立不到半年的小公司栖身。心高气傲的李楠根本没把这家小公司放在眼里，她想利用试用期"骑马找马"。

在李楠看来，这里的一切都不顺眼——不修边幅的老板，不完善的管理制度，土里土气的同事……自己梦想中的工作可完全不是这么回事。"怎么回事？""什么破公司？""整理文档这样的小事怎么让我这个外语系的高才生做呢！""这么简单的文件必须得我翻译吗！""就一篇小报告而已，为什么自己不写要我帮忙呢？""噢，我受不了了！"

就这样，李楠天天抱怨老板和同事，双眉不展、牢骚不停，而实际的工作却常常是能拖则拖、能躲就躲，因为这些"芝麻绿豆的小事"根本就不在她的思考范围之内，她梦想中的工作是一言定千金的那种。

试用期很快过了，老板认真地对她说："我们认为，你确实是个人才，但你似乎并不喜欢在我们这种小公司里工作，因此，对于手边的工作敷衍了事。既然如此，我们也没有理由挽留你。对不起，请另谋高就吧！"

被辞退的李楠这才清醒过来，当初自己应聘到这家公司也是费了不少力气的，而且，就眼前的就业形势，再找一份像这样的工作也很难。初次工作就以"翻船"而告终，这让李楠万分失望与后悔，可一切都已晚矣！

李楠看不起自己的工作，一心做着外企高级白领的美梦，结果梦想没成真，反倒弄砸了饭碗。成功不但要有理想，还要能脚踏实地地去工作，一个人如果眼高手低，不从实际出发，只是沉浸在宏伟的梦想里，那就是好高骛远。一个习惯于好高骛远的人，是不会成功的。

有一个24岁的年轻人，他毕业于名牌大学，能言善辩、才华横溢。在某公司的招聘专场上，他给公司老总留下了极深刻的印象。当时他应聘的职位是销售总监，见多识广的老总也被他的雄心壮志吓了一跳：一个初出茅庐的年轻人居然敢应聘这么高的职位，是真有过人之才还是太狂妄？在接下来的45分钟里，年轻人舌灿莲花地讲述了自己对工作的构想，听得老总直点头。最后老总录取了他，让他先到销售部担任助理的工作，先从基层锻炼一下，再慢慢提升，其实这也是对他的一个试炼。可惜年轻人却未能体会老总的良苦用心，他觉得让自己当助理简直就是大材小用，决策型的人才被白白浪费了。因此，对于分给他的"小事"他根本就不用心去做，实用的知识、技能也不看在眼里，就这样过了5个月后，老总给了他一次表现的机会，让他全权组织一个促销活动。他觉得这只是小菜一碟，马上就开始组织。没想到看花容易绣花难，他不知道怎样培训促销员，不知道怎样和商场沟通，不知道怎样布置会场，不知道……一个星期后，看着他交上来的惨淡的"成绩单"，老总叹了口气："我以为找到了良将韩信，没想到他其实是只会纸上谈

75

兵的赵括。"年轻人很快就被公司辞退了。

有些人总是有很远大的梦想，但他们却无法脚踏实地地实现梦想。他们不屑于眼前的这些小事，旁人在他们眼中，也大多是一群庸庸碌碌之辈，谈不上有什么共同语言。但在最初交往时，人们往往会被他们表面的雄心壮志所迷惑，老板也会认为他们是难得的栋梁之材。而事实上，他们眼高手低，大部分时间都沉浸在自己宏伟的梦想中，长此以往，他们不能也不会做出什么成就，曾经的雄心壮志难免会变成同事们茶余饭后的笑料。除非他们幡然悔悟、奋起直追，否则，等待他们的往往是慢慢沉沦，或者跳到其他的公司去继续发牢骚，即使这样，同样的悲剧也难免再次上演。

好高骛远的工作习惯，对你有百害而无一利，它会让你变得浮躁，让你变成一个空想家，为了不让好高骛远的习惯毁了你，你就必须踏踏实实地去工作。

如果想在公司里出人头地，就应该将自己的梦想与公司的发展结合在一起。要从现在做起，一步步认真而又执着地做下去；要认真地去拜访客户、调查市场，而且，无论做什么，都要自始至终在脑海中保持着梦想的远景。只有这样，才能把注意力集中在现在需要做的事情上，同时也与自己的梦想保持密切联系，使自己的每一次行动都向心中的目标前进。当集中精力处理当前事务的时候，自己就已经开始成长。实现未来梦想的第一步，就是把当前的工作尽力做好，然后再满怀信心地去做下一个。

这样一来，不但你的心中会时时充满对工作的热爱，你也一定能在工作中体会到无穷的乐趣，逐渐取得越来越大的成就。当你的能力逐渐超过现在职位需要的时候，你就可以充满自信地向更高的职位前进了。一个成功者总是满怀感激地生活、工作，同时在内心明确地保持着自己的理想。与其天天做白日梦或者失意地愤而退出，不如集中精力并且扎扎实实地努力工作，只有这样，才能更快更好地让你的梦想变成现实。到那时，周围的人一定会对你刮目相看，你将会充分实现自己的梦想和价值。

如果你不想一事无成，那就赶快克服好高骛远的习惯，要知道无数的小事将铸成大事，一天一天的成就会砌成你梦想的大厦，只要你从一点一滴的小事做起，毫不松懈地坚持下去，终有一天，你的梦想会变成活生生的现实。

人生由细节构成，事业由细节构筑

A 小姐和 B 小姐都是某知名企业的公关人员，因为最近要裁员，A 小姐和 B 小姐都在工作上较起了劲儿。一段时间后，公司决定为一个即将启动的项目举办剪彩仪式，一切工作都交给 A 小姐和 B 小姐负责，这也是对她们俩的一次变相的考验。剪彩仪式上，两人的表现都很精彩，不过最后老总还是在一个小细节上判定了两人的胜负。那天的仪式，原定由市里的五位领导剪彩。当五位领导被请上台后，老总发现台下还有一位相当级别的领导也来了，于是又把这位领导也请上台一同剪彩。A 小姐急得眼泪差点掉下来，这可要出洋相了！关键时刻，B 小姐却从手袋里又拿出一把剪刀递上去。六位领导喜气洋洋地剪完了彩，皆大欢喜。三天后，人事部下了一个通知：A 小姐走人，B 小姐升任公关经理。

A 小姐和 B 小姐的成败，就系在了一个小小的细节上。一个看似不起眼的细节，你把它处理好了，可能就会得到一份意外的惊喜。所以工作中，我们一定要注意培养细心谨慎的习惯，为未来的事业打基础。

一家大公司招聘总经理秘书，应聘者中佳丽如云，不乏经验丰富的人，但最后选中的那个女孩的外表却不是应聘者中最出色的。原来放在考场门口地上的那把扫帚是主考官给应聘者出的第一道题，许多人都毫不犹豫地跨过扫帚，只有她弯下腰把扫帚扶起来靠墙放好。因此，她被录用了。

一个人的能力往往是通过一个又一个细节来展现的，所以关注细节的人，就比较容易获得他人的良好印象，当然也就可以更顺利地走向成功。

卡耐基曾说过："不要害怕把精力投入到似乎很不显眼的工作上。每次你完成这样一件小工作，它都会使你变得更强大。如果你把这些小工作做好了，大的工作往往自己就迎刃而解了。"看似不起眼的小事，如果你把它做漂亮了，也许就是决定你命运的一个契机。

事无巨细都应竭尽全力，尽善尽美，如果一个人能够养成这样的习惯，一生一定可以过得充实，工作也一定会做得更出色！

人生由细节构成，事业由细节构筑，细节中往往包含着决定成败的因子，一个人如果能养成注重细节、谨慎细心的工作习惯，那他也就握住了成功的脉搏。

第三章

屏住呼吸

——发现对手的性格脸谱

对手是强大的，想在这场势均力敌的战斗中取得胜利，彻底地战胜这个你心中的"头号对手"，你必须要经受住"高压"的考验。不管它的魔掌多么强大，不管前方的路多么艰辛，不要害怕，用你的耐性告诉它，这场对决笑到最后的一定是你。

凌乱无序地工作

纽约市中央火车站的咨询处大概是世界上最拥挤的地方之一了。每天，那里总是人潮拥挤，匆匆忙忙的旅客都争抢着询问自己想知道的问题，都希望能够立即获得答案。对于问询处的服务人员来说，工作的紧张与压力可想而知。疲于应对是他们的共同感受。可 3 号柜台后面的服务员却是个例外，他看起来并不紧张，这实在是令人不可思议。这位服务人员戴着眼镜，样子文弱，却要面对大量秩序混乱和缺乏耐心的旅客，让人很难想象在如此巨大的压力面前他还能镇定自若。

在他面前的旅客是一个衣着鲜艳的妇女，头上扎着一条头巾，已被汗水湿透，她的脸上充满了焦虑与不安。询问处的先生倾着上身，以便能倾听她的声音。"是的，你要问什么？"他把头抬高，集中精神，透过厚镜片看着这位妇人："你要去哪里？"

这时，有位穿着入时、一手提着皮箱、头上戴着昂贵帽子的男子，试图插话进来。但是，这位服务人员却旁若无人，只是继续和这位妇人说话："你要去哪里？""三藩市。""三藩市是吗？"他根本没有看行车时刻表，就说："那班车是在 10 分钟之内，在第 11 号月台出车。你不用跑，时间还早得很。""你说是 11 号月台吗？""是的，太太。""11 号？""是的，11 号。"

女人转身离开，这位先生立刻将注意力移到下一位客人——戴帽子的那位先生身上。但是，没过多久，那位太太又回头来问一次月台号码。"你刚才说的是 11 号月台?"这一次，这位服务人员已经集中精神在下一位旅客的身上，不再管这位头上扎头巾的妇女了。

有人询问那位服务人员："能否告诉我，你是如何做到并保持冷静的呢?"

那个人这样回答："我根本没有和大众打交道，我只是单纯地在接待一位旅客。忙完了一位，才换下一位。在一整天，我每次只服务一位旅客。"

这位服务人员完全掌握了高效率的工作方法：一次只解决一件事。许多人在工作中把自己搞得疲惫不堪，而且效率低下，很重要的一个原因就在于他们凌乱无序的工作习惯。他们总试图让自己具有高效率，而结果却常常适得其反。

在从事一项工作的时候，不要因为受到干扰或者疲倦而放下正在做的工作，转身去做其他不相干的事情，因为如果此项工作还没有结束，就又开始另一项工作的话，你的办公桌上就又要开始混乱了，随后，你的大脑也要开始混乱了。你一定要力求把你手头的工作做完以后再开始另外的工作，即使这项工作暂时遇到了阻碍，你也要尽力去做。

一项工作做完后，务必要把与这项工作相关的资料收拾好，并分门别类地把它们放到合适的位置，然后你应该核对一下剩下的工作，接着去进行第二项工作。

秩序应是工作的第一定律。但实际果真如此吗？不见得。只要我们稍加留意就会发现，很多人的桌面总是堆满纸张，好几个星期都不整理。一位纽奥良的报纸发行人的工作杂乱无章，他的秘书有一天为他清理桌面的时候，终于发现了那台失踪两年的打字机。

当你的办公桌上乱七八糟地堆满了待复信件、报告和备忘录时，这足以导致慌乱、紧张和烦忧。更为严重的是，时常担心"万事待办，却无暇及"的人，不仅会感到紧张劳累，而且会引发高血压、心脏病和胃溃疡。

著名的精神病医师威廉·沙勒说他的一位病人，就是因为凌乱无序的工作习惯而差点精神崩溃，不过当他改变了这一不良习惯后，他奇迹般地康复了。

这位病人是波士顿一家大公司的客户经理，第一次去见沙勒医师的时候，整个人充满了紧张、焦虑的情绪而闷闷不乐。他工作繁忙，并且知道自己状态不佳，却又不能停下来，他需要帮助。

"当这位病人向我陈述病况的时候，电话铃响了，"沙勒医师说道，"是医院打来的。我丝毫没有拖延，马上做了决定。我一向速战速决，马上解决问题。挂上电话不久，电话铃又响了。又是紧急事件，颇费了我一番口舌去解释。接着，有位同事进来询问我关于一位重病患者的种种事项。等我把一切忙完，我向这位病人道歉，让他久候了。但这位病人精神愉悦，脸上流露出特殊的表情。"

"别道歉，医师，"这位病人说道，"在这10分钟里，我似乎已经明白了自己哪些地方不对了。我要回去改变我的工作习惯……但是，在我临走之前，我可不可以看看你的抽屉?"

沙勒医师拉开桌子的抽屉，除了一些文具之外，并没有其他东西。

"告诉我，你的待处理事项都放在什么地方?"病人问。

"都处理了。"沙勒回答。

"那么，待复信件呢?"

"都回复了。"沙勒告诉他，"不积压信件是我的原则。我一收到信，便交代秘书处理。"

几个星期后，这位客户经理邀请沙勒医师到他的办公室参观。他改变了——当然桌子也变了，他打开抽屉，里面没有任何待办文件。

"几个星期以前，我有两间办公室，三张办公桌，"这位经理说，"到处堆满了没有处理完的东西。跟你谈过之后，我回来清除掉了一货车的报告和旧文件。现在我只留下一张办公桌，东西一来便处理妥当，不会再有堆积如山的待办事件让我紧张烦恼。最奇怪的是，我已不药自愈，再不觉得身体有什么毛病啦!"

我们可以说，杂乱无章的工作方式是一种恶习:你在自己的办公桌上堆满了文件、资料，结果需要的东西找不着，不需要的东西一大堆，很多时间就白白浪费在查找丢失或一时找不着的东西上了。更糟的是，凌乱的东西会分散你的注意力，当你做一件事时，眼睛不经意地扫过另一份文件，你马上又会想起，那份文件也在等着处理，于是你的注意力就被分散了。

如果你的办公桌上经常是文件、物品堆积如山，你就有必要花一点时间来整理一下了，在这个时候花上少半天时间是很值得的。把你办公桌上所有与正在做的工作无关的东西清理出来，把立即需要办理的找出来，放在办公桌的中央，其他的进行分类，分别放入档案袋中或是抽屉里，这样做的目的是要提醒你，你现在应该做的是最要紧的工作。因为你一次只能做一项工作，所以你要把所有的精力集中在这件工作上，不能让其他的工作影响你。

凌乱无序的工作习惯，会浪费你的时间和精力，直接影响你的工作成绩。所以，我们必须顺序合理地组织工作，这样就可以轻松地结束每一天的工作，迎来明天新的开始。

轻言放弃、怨天尤人

一个女孩拿着一份招聘报，向她的新朋友讲述自己的工作经历：她的第一任老板是个严厉的中年人，那时她刚毕业，对公司的业务一点也不熟悉，老板却塞给她一大堆工作，拼命地找她碴，看她不顺眼，千方百计想在试用期满之前让她走人。第二任老板是"海龟"（海归），作风开明，有亲和力，她在那里工作很顺利，可慢慢地不知为什么，这个老板也开始变得爱找碴，最后竟为了一个小小的失误，炒了她鱿鱼！第三任老板……所谓当局者迷，旁观者清。目睹她近几年频频被裁的经历，就可以看出原因在于她消极被动的工作习惯。第一份工作时，她没有经验，工作漏洞百出，但真正让老板生气的不是她的失误，而是她的工作态度：交代一样做一样，从不主动去学习，能躲过去的就不做，遇到困难就放弃……做第二份工作时，老板最初很看好她，因为交给她的任务完成得都不错。可一段时间后，她开始盲目满足，工作对她来说成了"混"饭吃的工具，她根本就不想再付出努力，老板一气之下"开"了她。以后的经历也大致如此，她就这样带着消极的工作习惯，一份一份地换工作，看来她很难取得什么成就了。

这个女孩认为自己倒霉，但却没有找到令她"倒霉"的真正原因，没有老板会喜欢工作消极被动的员工，她真正该做的是克服坏习惯，立志进取。一个人一旦养成了消极被动的工作习惯，就会变得不思进取，目光狭窄，最后走向好逸恶劳、一事无成的深渊。所以无论你面对的是怎样的环境，都要保持积极进取的劲头。

有两个师范院校毕业的朋友，一个被分配到某所山村小学当老师，另一个却幸运地分到了城市小学任教。被分配到山村小学的 A，抱怨自己的命不好，山村里信息闭塞，文化生活单调，吃的用的差，同事水平低，他的雄心壮志被磨得一点都不剩。他开始把课余时间消磨在麻将桌上，上课之前懒得备课，整天琢磨着怎么能调进城。一次教育局局长突然来听课，没有任何准备的他，被开除了。他难过地想："如果当初我被分在城里，那我一定会努力的，说不定现在已经是教学骨干了！"被分到城里的 B 也下岗了。因为自从到了城里后，他与领导同事相处得不错，工作轻松、工资优渥，他觉得就这样过一辈子挺不错。他不再钻研教学方法，不再认真备课，很多孩子都把他叫作"催眠大师"。一段时间后，学校引进竞争机制，B被淘汰了。他想：如果当初我被分到农村，那就一定会努力学习，争取早日进城，而现在我却变成了被温水煮熟的青蛙！

看出这两人的问题了吗？是他们自己把消极被动的种子种在了心中，环境并不能成为消极被动的借口。一个人一旦养成了消极的习惯，那么处于顺境便盲目满足、放弃努力，遇到成功便自我满足、停滞不前；处于逆境便轻易退缩、灰头土脸，遇到困难便轻言放弃、怨天尤人。这就是消极的种子最容易破土发芽的环境。

无论身处什么样的环境，一旦养成了消极被动的工作态度和习惯，就很容易不思进取、目光狭窄，慢慢地丧失活力与创造力，忘记了自己当初信誓旦旦的人生信条与职业规划，最终将走向好逸恶劳、一事无成的深渊。而最可怕的是生活态度的消极。工作上的消极、失败与无望，必然会对人的其他方面产生负面影响。想想看，一个人，消极地面对世界，满眼的灰色，为周围的朋友同事所不屑，何以成功！

一个环境，怎样是好、怎样是坏，标准并不在环境本身，而在于人如何自处：置身其间，不迷失自己，保持积极主动的精神，这样的环境再"坏"也是好环境，反之，再"好"的环境也是坏环境。环境对人确实有一定的影响，而最关键的还是人自身，顺境或逆境都不能成为消极被动的借口。

如果我们能正确地分析和看待自己所处的环境，以平常心面对顺利与挫折，兢兢业业地处理手中的工作，就不会养成消极被动的工作习惯。

说话不经过大脑

随便说话的害处是非常多的。比如某君有不可告人的隐私，你说话时偏偏在无意中说到他的隐私，说者无心，听者有意，他会认为你是有意跟他过不去，从此对你恨之入骨；他做的事，别有用心，极力掩饰不使人知，如果被你知道了，必然对你非常不利。

你有得意的事，就该与得意的人谈；你有失意的事，应该和失意的人谈。说话时一定要掌握好时机和火候。不然的话，一定会碰一鼻子灰，不但目的达不到，而遭冷遇、受申斥也是意料中的事。

有句老话叫作"祸从口出"，为人处世一定要把好口风，什么话能说，什么话不能说，什么话可信，什么话不可信，都要在脑子里多想一想。

每个人都有自己的秘密，都有一些压在心里不愿为人知的事情。同事之间，哪怕感情不错，也不要随便把你的事情、你的秘密告诉对方，这是一个不容忽视的问题。

你的秘密可能是私事，也可能与公司的事有关，如果你无意之中说给了同事，很快，这些秘密就不再是秘密了。它会成为公司上下人人皆知的故事。这样，会给你带来不必要的麻烦。

小窦是某唱片公司的业务员，他因工作认真、勤于思考，业绩良好，被公司确定为中层后备干部候选人。只因他无意间透露了自己的秘密而被竞争对手击败，终于没被重用。

小窦和同事李为私交甚好，常在一起喝酒聊天。一个周末，他备了一些酒菜约了李为在宿舍里共饮。两人酒越喝越多，话越说越多。酒已微醉的小窦向李为说了一件他对任何人也没有说过的事。

"我高中毕业后没考上大学，有一段时间没事干，心情特别不好。有一次和几个哥们儿喝了些酒，回家时看见路边停着一辆摩托车，一见四周无人，一个朋友撬开锁，由我把车给开走了。后来，那朋友盗窃时被逮住，送到了派出所，供出了我。结果我被判了刑。刑满后我四处找工作，处处没人要。没办法，经朋友介绍我才来到厦门。不管咋说，现在咱得珍惜，得给公司好好干。"

小窦来公司 3 年后，公司根据他的表现和业绩，把他和李为确定为业务部副经理候选人。总经理找他谈话时，他表示一定加倍努力，不辜负领导的厚望。

谁知道，没过两天，公司人事部突然宣布李为为业务部副经理，小窦调出业务部另行安排工作。

事后，小窦才从人事部了解到，是李为从中捣的鬼。原来，在候选人名单确定后，李为便找到总经理，向其谈了小窦曾被判刑坐牢的事。

知道真相后，小窦又气又恨又无奈，只得接受调遣，去了别的部门上班。

所以说，只有把握好说话的分寸，才会在与人交往的过程中做到游刃有余，而且也不会给自己带来不必要的麻烦。

报复让痛苦如影随形

18世纪，美国路易斯安那州的一个农场里住着农夫费兰克一家人。一年秋天，他去镇里卖粮食，家里却发生了一场惨祸：他的妻子和五个孩子被一伙盗贼杀死了！警察局抓到了三个人，但主犯却逃脱了。费兰克愤怒欲狂，他发誓，一定要抓到那个杀人犯，给家人报仇。就这样，费兰克追查了整整33年，终于在德州的一个小镇里发现了那个人的踪迹，而此时费兰克已经是67岁的老人了。他踢开了杀人犯小屋的门，冲了进去，却发现那盗贼正躺在床上痛苦地喘息，他马上就要死去了！那苍老的盗贼乞求费兰克一枪打死他，费兰克没有那样做。他离开了小屋，坐在路边失声痛哭，他耗费了自己最好的光阴，得到的竟然是这样一个结局。

费兰克的经历真是一个悲剧，33年的时间里，他一心想着报复，他的生命里除了仇恨一无所有，而他得到了什么呢？一个衰老快要死去的仇人，他的报复对那个仇人来说甚至是解脱，那他这么多年的仇恨有什么价值呢？

生活中，可能会有很多人有心或无心地伤害了你，如果你要

第三章　屏住呼吸——发现对手的性格脸谱

逐个去报复的话，那你就会永远生活在痛苦的仇恨里。所以，千万不要养成记恨报复的心理习惯，它会使你的生活失去秩序，行为越来越极端，最后受伤害的还是你自己。我们应该学会宽恕别人，因为宽恕别人就是宽恕自己。

有个画家来到一个集市卖画，这时集市上一阵骚动，原来是一位大臣的孩子到来引起围观。

当画家看着这个衣着华丽的孩子时，心中忽然一阵难过，因为这个孩子的父亲，正是害死画家父亲的凶手。大臣孩子来到了画家的摊位前，似乎非常欣赏他的作品。当他最后选中了其中一幅画作时，画家却匆匆地用一块布遮住，接着说："对不起，这幅画是非卖品。"

也许这幅画被下了咒语，那孩子回家后，居然因为太过想念这幅画而得了心病。爱子心切的父亲，表示愿意出高价买下这幅作品。

但是，画家仍然拒绝，他宁愿挂在画室里，也不愿意出售。

他阴沉地坐在画室里，专注地看着这幅画说："这就是我的报复！"

每天早晨一醒来，画家都要画一幅他所信奉的神像，而这也是他表现信仰的唯一方式。让他感到纳闷的是，不知道从什么时候开始，他发现画里的神像，居然与他昔日膜拜的神像明显地出现了差异。

这个令人烦恼的问题，后来终于有了答案。

这天早上，他依例开始作画。他突然丢下了手上的画笔，往后倒退了好几步，因为他发现，这幅刚画好的神像，眼神中居然露出与那位大臣一模一样的目光，而微扬的嘴唇也非常神似！

画家惊恐地将画撕毁，并高喊着："报复已经回到我的身上了！"

米尔瓦基警察局发出的一份通告上有这样一句话："要是有人想占你的便宜，就不要理会他们，更不要去报复。当你想跟他扯平的时候，你伤害自己的，比伤到那家伙的要多……"

心中充满怨怼的人，即使窗外的阳光再温暖，他也感受不到，因为他已经陷在自己的冰冷的窖中，难以自拔。

习惯于"以牙还牙"的复仇者，生活必定充满痛苦。

就像许多电影里的画面，复仇者的色彩永远是黑灰色系，因为在他们的心里只有仇恨，只想着如何报复，又怎能有美好的生活呢？

所以，我们应该抛弃仇恨，选择宽恕。

路易斯密说："也许在很久以前，有人伤害了你，而你却忘不了那件不愉快的往事，到现在还痛苦不堪，那就表示你还继续在接受那个伤害。其实你是很无辜的，你要了解到，你并不是世界上唯一有这种经验的人。赶快忘掉这不愉快的记忆，只有宽恕才能释放你自己，让你松一口气。"

曾经有三位前美军士兵站在华盛顿的越战纪念碑前，其中一个问道："你已经宽恕了那些抓你做俘虏的人吗？"第二个士兵回答："我永远不会宽恕他们。"第三个士兵评论说："这样，你仍然是一个囚徒！"

那位士兵确实还是个囚徒，他把自己囚在自己的心狱里而不能自拔，也就是人们常说的：不宽恕别人就是不放过自己。

当然，要做到宽恕确实很难。宽恕必须随被伤害的事实，从"怨怒伤痛"到"我认了"这样的情绪转折，最后认识到不宽恕的坏处，从而积极地去思考如何原谅对方。从被伤害、憎恨到平复、重修旧好的过程当中，都必须经历一些困难的挣扎。

宽恕之所以不易做到，是因为我们都认为，每个人都应该为自己所犯的错误付出代价，这样才符合公平正义的原则，否则便宜了犯错的一方。但是不宽恕会产生不好的结果或副作用，例如痛苦、埋怨、憎恶、报复等，这些结果值不值得再承受，恐怕才是更重要的一个问题。

遇事习惯报复记恨的人，往往不能从被伤害的阴影中走出来，痛苦总是如影随形，他们真正伤害的其实是自己。试着去宽恕曾经伤害过你的人吧！不是为了别人而是为了自己。

针尖对麦芒

阿芝·瓦尔蒂是法国尼斯市的一名警察，这天晚上他身着便装来到市中心的一家烟草店门前，他准备到店里买包香烟。这时店门外一个叫让·皮埃尔的流浪汉向他讨烟抽。瓦尔蒂说他正要去买烟。让·皮埃尔认为瓦尔蒂买了烟后会给他一支。

当瓦尔蒂出来时，喝了不少酒的流浪汉缠着他索要烟。瓦尔蒂不给，于是两人发生了口角。随着互相谩骂和嘲讽的升级，两人情绪逐渐激动。瓦尔蒂掏出了警官证和手铐，说："如果你不放老实点，我就会给你一些颜色看。"皮埃尔反唇相讥："你这个混蛋警察，看你能把我怎么样？"在言语的刺激下，二人扭打成一团。旁边的人赶紧将两人分开，劝他们不要为一支香烟而发那么大的火。

被劝开后的流浪汉骂骂咧咧地向附近一条小路走去，他边走边喊："臭警察，有本事你来抓我呀！"失去理智、愤怒不已的瓦尔蒂拔出枪，冲过去，朝皮埃尔连开两枪，皮埃尔倒在了血泊中……

法庭以"故意杀人罪"对瓦尔蒂作出判决，他将服刑 25 年。

流浪汉死了，警察坐了牢，起因是一支香烟，罪魁是失控的情绪。生活中，很多人没有冷静自制的习惯，他们总是放纵自己的情绪，结果惹出了很多是非，警察瓦尔蒂和流浪汉的悲剧就是其中之一。

中国古代作战时，一方守城，一方攻城。守城的将护城河的吊桥高高吊起，紧闭城门，那攻城的便无可奈何。实在不行，攻城的便在城下百般秽骂，非要惹得那守城的怒火中烧，杀出城来——攻城的就可以乘机获胜了。兵法上称之为"激将法"。但如果守城的能克制忍耐，对方也就无计可施了。敌我作战需要有克制忍耐的大将风度，就是日常生活中的待人处世，也须有克制忍耐的涵养。

唐代宰相娄师德的弟弟要去代州都督府上任，临行前，娄师德对弟弟说："我没多少才能，现位居宰相，如今你又得州官，得的多了，会引起别人的忌恨。该如何对待？"他弟弟回答说：

"今后如果有人往我脸上啐唾沫，我也不说什么，自己擦了就是。"娄师德说："这正是我担心你的。那人啐你，是因为愤怒，你把唾沫擦掉了，这就不能让那人怒气得到发泄。唾沫不擦自己也会干的，倒不如笑而接受。"

娄师德告诉弟弟的这番话，其中心意思就是要忍耐、要退让，不要去和对方"针尖对麦芒"。不然，就会更加激怒对方，使矛盾尖锐化，带来更严重的后果。

生活中我们常见到当事人因不能克制自己，而引发争吵、咒骂、打架，甚至流血冲突的情况。有时仅仅是因为你踩了我的脚，或一句话说得不当。在地铁里为抢座位，在公交车上挨了一下挤，都可能成为引爆一场口舌大战或拳脚演练的导火索。在社会治安案件中，相当多的案件都是由于当事人不能冷静地处理事情——许多本就是小事一桩——而发生的。

人皆有七情六欲，遇到外界的不良刺激时，难免情绪激动，发火，愤怒。这是人的一种自我保护的本能的生理和心理反应。但这种激动的情绪不可放纵，因为它可能使我们丧失冷静和理智，使我们不计后果地行事。因此，我们在遇到事情时，在面对人际矛盾时，要学会克制，学会忍耐，而不要像炮捻子，一点就着。

姜岩是办公室的管理人员，具有丰富的工作经验，她同丈夫离婚了，与10多岁的儿子和女儿住在一起。她的烦恼是："我总是无法克制地向别人发脾气，虽然事后常常后悔，但又总也控制不了自己的恶劣情绪。我们办公室的职员流动得相当快，所以对大多数的人很难有真正的了解，而我周期性地与这样或那样的人发生口角。我试图强硬些，也试图亲切愉快些，可怎么都不管用。如果我粗暴强硬，他们就怨恨不满并予以回击。而如果我态度可亲，他们又觉得我软弱可欺，想趁机利用我。我在家里的问题也无法解决，我的孩子们都怨我把时间和精力放在工作上，这使我感到我令他们失望了。但更令我自己失望的是，我即使付出这么多的代价，却仍然得不到同事们的理解和拥戴。我失落至极，认真考虑过辞职。可是我在个人生活上已感觉失败，如果现在辞职，那么我在职业上也失败了。"

很显然，姜岩的挫败感就是由于她放纵情绪的习惯造成的。由于她随意向同事发泄自己的怒气，结果失去了同事的信任，既伤害了自己，又得罪了他人。

所以我们要注意培养自己冷静自制的习惯，受到刺激时，不轻易发怒；遇到不高兴的事时，也不要向别人发脾气。如果你忍不住要发火时，就试试美国总统杰弗逊所教的方法："生气的时候，开口前先数到十，如果非常愤怒，先数到一百。"这样长期坚持下去，我们一定会养成自制的习惯，我们的生活也会变得轻松起来。

"小不忍则乱大谋"，我们只有培养冷静自制的习惯，才能担当大任，才能从容处理各种复杂的人际关系和艰巨的事情。

赞美遮住了双眼

在生活中，被别人追捧、赞扬的时候，我们要考虑：如对方是因为爱，就会有偏袒；如是因为害怕，就会有不顾事实的讨好；如是因为有求于自己，便会有虚夸。所以，我们必须在一片赞扬声中，保持足够清醒的头脑。

欧洲有位著名的女高音歌唱家，30 岁便已享誉全球，而且也已经有了美满的家庭。有一年，她到邻国开一场个人演唱会，这场音乐会的门票早在一年前就已经被抢购一空。

表演结束之后，歌唱家和她的丈夫、儿子从剧场里走了出来，只见堵在门口的歌迷们一下子全拥了上来，将他们团团围住。每个人都热烈地呼喊着歌唱家的名字，还不乏赞美与羡慕的话。

有人恭维歌唱家大学一毕业就开始走红了，而且年纪轻轻便进入国家级的歌剧院，成为剧院里最重要的演员；还有人恭维歌唱家，说她 25 岁时就被评为世界十大女高音歌唱家之一；也有人恭维歌唱家有个腰缠万贯的大公司老板做丈夫，而且还生了这么一个活泼可爱的儿子……当人们议论的时候，歌唱家只是安静地聆听，没有任何回应与解答。

直到人们把话说完后，她才缓缓地开口说："首先，我要谢谢大家对我和我家人的赞美，我很开心能够与你们分享快乐。只是，我必须坦白地告诉大家，其实，你们只看到我们风光的一面，我们还有另外一些不为人知的地方。那就是，你们所夸奖的这个充满笑容的男孩，很不幸他是个不会说话的哑巴。此外，他还有一个姐姐，是个需要长年关在家里的精神分裂症患者。"

歌唱家勇敢地说出这一席话，当场让所有人震惊得说不出话来，大家你看看我、我看看你，似乎难以接受这个事实。

我们不能不为这位歌唱家的理智和清醒喝彩！有多少人曾经在一片赞扬声中，迷惑了双眼，最终导致了失败。最令人扼腕叹息的恐怕该是王安石笔下的方仲永了。

金溪县有个叫方仲永的人，他家世世代代以种田为业。方仲永长到 5 岁时便能做诗，并且诗的文采和寓意都很精妙，值得玩味。县里的人对此感到很惊讶，慢慢地都把他的父亲高看一等，有的还拿钱给他们。他父亲认为这样有利可图，便每天拉着方仲永四处拜见县里有名望的人，让他表演做诗，却不抓紧孩子的学习。到最后，方仲永已与众人无异。他的聪明才智最终被完全埋没了。

世界上许多伟大的人物，能够清醒地认识自己的成功，对待他人的赞美，他们谦虚理智，有的甚至还很反感别人对他的赞扬。

在第二次世界大战中，丘吉尔对英伦之护卫有卓越功勋。战后在他退位时，英国国会拟通过提案，塑造一尊他的铜像置于公园，供众人景仰。一般人享此殊荣高兴还来不及，但丘吉尔却一口回绝。他说："多谢大家的好意，我怕鸟儿喜欢在我的铜像上拉粪，还是请免了吧。"

牛顿，是杰出的学者、现代科学的奠基人，他发现了万有引力定律，建立了成为经典力学基础的牛顿运动定律，出版了《光学》一书，确定了冷却定律，创制了反射望远镜，还是微积分学的创始人……功绩显赫。可当听到朋友们赞扬他的时候，他却说："不要那么说，我不知道世人会怎么看我。不过我自己只觉得好像一个孩子在海边玩耍的时候，偶尔拾到几只光亮的贝壳。但关于大海的真正知识，我还没有发现呢。"

有这样谦逊好学、永不满足的精神，牛顿的成功是必然的。古今成大事业、大学问者，正是因为有了正确对待他人赞扬的态度和谦逊好学的精神，才达到人生的光辉顶点的。

痴迷金钱非常可怕

有一对夫妻20世纪90年代初双双从国企辞职下海经商，在海里"扑腾"了几年后钱赚了不少，事业也越做越大。这对夫妇有一个儿子，因为夫妻俩长年天南海北地跑，没有时间陪儿子，所以就用金钱来弥补愧疚。每次一回家大把大把地给孩子塞钱，对孩子有求必应，这样一来，日子过得倒还算平顺。有一次，妻子的妹妹劝姐姐说："大姐，你和姐夫赚的钱也不少了吧，怎么还这样一心往钱眼里钻！你们现在应该多抽出点时间陪儿子。这孩子今年17岁了，这么大的孩子是最容易出问题的时候。"但姐姐却对妹妹的劝说不以为然，"哎呀！你懂什么。钱当然是越多越好，现在正是赚钱的好时节，不趁现在多赚那不成傻子了？我儿子也听话得很，我们虽然不能陪他，可不是给他请了保姆和家教吗？你算一算，最贵的保姆和家教一小时才要多少钱？我们一小时可是能做成几十万、几百万的大买卖呀！"看着财迷心窍的姐姐，妹妹只能摇头。有一天，这对夫妻正在外地谈生意，突然接到电话说他们的儿子出事了：吸毒和斗殴！夫妻俩赶忙搭飞机赶了回来，当他们走进派出所，看着蹲在地上衣着凌乱的儿子时，妻子一下就晕过去了！丈夫愤怒地追问儿子为什么要学坏，儿子却同样愤怒地瞪着爸爸说："这要问问你们！你们有资格做父母吗？把我丢下几个月不管，只顾去赚钱！你们满脑子里只有钱，那我算什么？"这位父亲被儿子问得哑口无言，他沮丧地揪着自己的头发，恨自己不该为赚钱而忽略了孩子。

在这个家庭中，父母一心只想着赚钱，可能他们这么做的本意是为了让孩子生活得更好，但没想到反而害了孩子。说实话，世上大概没有几个人不爱钱，努力赚钱也是件再正常不过的事。可是，如果爱钱成痴，一头扎进钱眼里，那这种心态就有问题了。生活中，很多人都在不经意间养成了痴迷金钱的习惯，他们把求取金钱看成了生活的全部，永不满足地追逐金钱，结果常常因此而迷失了自己，把自己的生活弄得一团糟。其实金钱根本无法给人带来真正的快乐，而且生不带来，死不带去。

一个人一旦钻进钱眼里，后果不堪设想。人生除了金钱还有其他更有意义的事情，不要一心想着钱。从前，有一个人贫困潦倒，家徒四壁，唯一的家具就是一张长凳子，他每天晚上就是在凳子上睡觉的。这个人很吝啬，他也知道自己这一点很不好，可就是改不掉。

第三章 屏住呼吸——发现对手的性格脸谱

他向佛祖祈祷："如果我发财了，绝对会对别人很大方的。"

佛祖看他可怜，就给他一只装钱的袋子，说："这个袋子里有一个金币，当你把它拿出来以后，里面会又有一个金币；但是当你想花钱的时候，只有把这个钱袋扔掉才能花。"

于是，这个穷人就不断地往外拿金币，整整一个晚上没有睡觉，地上到处都是金币。这些钱足够他花一辈子了，可是他还是很舍不得扔掉袋子，于是他就不吃不喝整天往外拿金币，把整个屋子都装满了。

可是他还是不停地对自己说："让我再多拿一点吧，再多一些钱的时候我就把袋子扔掉。"

就这样，他不停地拿金币，整个人处于歇斯底里的状态。终于，他连拿金币的力气都没有了，虚弱得快要死去，可是他还是舍不得把袋子扔掉，最后死在了钱袋的旁边，而他的屋子里到处都是金币。

如果这个人不是那么财迷心窍，在拿出足够自己花的钱的时候就停手的话，那么他就会过上富足的生活。可惜他一头扎进了钱眼里，结果送掉了自己的性命。

拥有更多的财富，是今日许许多多人的奋斗目标。然而，金钱的诱惑常常似乎与手头拥有的数目成正比：你拥有得越多，你越想要。同时，每一元钱的增量价值，似乎与实际价值成反比：你拥有得越多，你需要也越多。金钱能够买到舒适，促进个人自由。但一旦钻到钱眼里，金钱就会束缚个人的自由。

亚里士多德曾这样描写那些富人们："他们生活的整个想法，是他们应该不断增加他们的金钱，或者无论如何不损失它。一个美好生活必不可缺的是财富数目，财富数目是没有限制的。但是，一旦你进入物质财富领域，很容易迷失你的方向。"

45岁的银行家特雷纳说："虽然我拥有超过200万英镑的财产，但我感到压力很大，我不能在每年15万英镑的基本收入的基础上使收支相抵。我想也许我正在失控，我总是苦于奔波，但我还是错过了好多约会。当我不得不做决定时，我感到好像有人把他的拳头塞进了我的肠子里并不松手。午夜时，我会爬起来开始翻报表，我只是想让自己平静下来。我无法睡觉，无法停下来。然而我还是不能取得进步。"

很明显，在特雷纳看来，他所取得的一切都没什么意义，他真的相信，当他达到他的金融目标时，他将感觉像一位国王。金钱已成为他的自尊和支柱，一种对人的价值的替代之物。他意识到金钱本身绝不可能让他幸福，并且一直到他重新界定他的价值和他的优先考虑事项为止，特雷纳将继续在成功的边缘摇摆不定，将他的家庭和他的健康置于危险之中。

迷恋金钱有多种表现方式，特雷纳只是体现出其中一部分。然而，有一条把所有这些情况贯穿起来的共同线索，在这一点上，金钱作为美好生活的手段的价值消失了，金钱本身成了一种目的。

痴迷于金钱的人，是非常可悲的人。因为金钱再多，也不见得能够幸福快乐，相反很可能将自己推向充满痛苦的欲望深渊。所以聪明人擅于取舍，于我有益者，不懈追求，如麦粒；不利身心者，纵然好得天花乱坠，也不为所动，毅然拒绝。这才是智慧。否则，盲目追求只能让自己背上沉重的包袱，被压得喘不过气来。而且金钱及物质财富何为多、何为少，很难有一个衡量的标准。清朝乾隆时期的宰相和珅曾拥有的财富折合白银八亿两以上，可他还是"物苦不知足，得陇复望蜀"，整天提心吊胆，最后落得财产被抄、本人自裁的下场。

许多人为了追求金钱、财富疲于奔命，甚至铤而走险；其实钱财乃身外之物，生不带来，死不带去。这样拼命地追求又有什么意义呢？放下对金钱的痴迷吧！这样才能生活得更好。

痴迷于金钱是非常可怕的，它会使人迷失自我，甚至害己害人。所以，我们可以追求金钱却不能痴迷于金钱，这样我们才会生活得更自由快乐！

自卑是成功的天敌

凯西长得不漂亮，眼睛不够大，鼻子不够挺，身材也干干巴巴，走在人群中，她总担心别人会嘲笑自己，渐渐地有了自卑的心理。不仅对自己的形象自卑，对自己的工作能力等各方面也都感到自卑。她就这样战战兢兢地活了 25 年，如果不是因为后来遇到了布鲁克林夫人，她可能一辈子都将自卑下去。布鲁克林夫人是她的同事，她是一个热心开朗的中年女人。有一次，两人一起喝下午茶时，布鲁克林夫人突然对她说了一些让她永生难忘的话。"孩子，我注意到你总是表现得畏畏缩缩，你在自卑吗？其实每个人都自卑过，因为他们很清楚自己有多少缺点，不过后来他们战胜了它，他们知道只有这样才能生活得更好。孩子，不要这样自卑，你也是独一无二的呀！大声跟自己说：'我很好！'那你就会过得越来越好。"凯西牢牢地记住了布鲁克林夫人的这番话，无论做什么都尽量使自己更自信，渐渐地朋友们都夸她变漂亮了。当然，她在其他方面也做得更好了。

自卑使凯西畏缩不快乐，但战胜了自卑之后，她获得了新生，也开始一步步走向成功。可见自卑对人影响之大。生活中很多人也有这方面的问题，他们自卑自弃，自我贬低，在这种心理的影响下，他们没有勇气，懈怠甚至还有人因此自毁。

自卑是人生前进道路上的绊脚石，可以使一个人的活动积极性与能力大大降低。虽然偶尔短时间地滑入自卑状态是正常现象，但长期处于自卑之中就是一场灾难了。自卑的根源是过分否定和低估自己，过分重视别人的意见，并将别人看得过于高大而把自己看得过于卑微。如果说别的消极情绪可以使一个人在前进的道路上暂时偏离目标或减缓成功速度，那么一个长期处于自卑状态的人，根本就不可能有成功的希望，甚至已有的成绩也不能唤起他们的喜悦、兴奋和信心，只是一味地沉浸在自己失败的体验里不能自拔，对什么也不感兴趣，对什么也没有信心，自己不愿走进人群，也拒绝别人接近，与丰富多彩的生活隔绝，与人群疏远，自囚于孤独的城堡。

自卑的人可能会很胆小，由于要避免可能使他感到难堪的一切，他就什么也做不成；由于害怕别人认为自己无知，他就忍不住去征求别人的意见和建议；由于担心受到拒绝，不敢去找个好工作。压抑的结果，导致他在各方面都毫无进展，并且变得更加敏感。他日益敏感，再加上日益怯懦，他的精神状态就日益低落。一个有自卑情结的人不能长时间把精力集中在任何事物上，只能集中在他本人身上，因而常常不能实现自己的愿望。

有一个人有很严重的自卑心理，他认为自己全身上下到处都是缺点，他觉得自己注定就是一个失败者。他总是习惯于贬低自己，"算了，我这么胖还是别去参加团体合唱了，免得给同学丢脸！""我真是个天生的笨蛋，连这么点小事都办不好！""不，我不去跳舞！没有女孩会喜欢我的。孤零零地被晾在座位上更丢脸！"有一次，他所在的城市要举办一次校际演讲比赛，大家都推举他参加，因为他有浑厚的适于演讲的男中音，且文笔流畅，演讲稿一定会很出色。无奈之下，他答应了下来，但却怕得要命，结果因为休息不好，在比赛的前一天嗓子竟然变得嘶哑，这更让他担心了。上台时，他不断对自己说："你完了！你根本不是演讲的材料！别人会嘲笑你的，你要丢脸了。"结果这个可怜的人，站到台上时竟然一句话也说不出来，大家真的对他失望了。

这个男孩被自卑控制住了，他不知道如果不是因为自卑，他本来可以做得更好的。

自卑带来的恶果还不仅如此，许多人还因此走上自毁之路。

1983年，长沙某学院的一名男生在铁轨的车轮下粉身碎骨了。他来自边远山区的一个贫寒之家，父母含辛茹苦将他拉扯大，他辜负了父母的期望。后来根据对其他同学的调查和他的日记发现，他的自杀只是源于自卑。因为他的身高不足160厘米，虽然他身体健康，各种功能健全，但只是出于审美习惯的缘故，他觉得自己在别人的眼里是个二等残废，是社会的弃儿，活着已经没有什么意思了。很明显，这位男生心态出了偏差，失去了理智，让自卑占了上风。可见自卑确是人生的杀手，确实可以把人带到生命的尽头，在不该结束生命的时候，将生命轻轻地抛了出去。它可以扼杀成功，扼杀幸福，扼杀快乐。

还有一个大学生由于来自贫困边远的山区，父母都是整日面向黄土背朝天的农民，所以他的经济来源比起同宿舍的五个人要差很多。别人过生日时请客吃饭、买高档名牌衣服，都让他产生一种不合群、低人一等的感觉，于是他拼命地想在学习上超过别人来弥补经济上的窘迫。但是无论他怎样努力，总是无法摆脱日常生活中无处不在的经济压力，于是他有了极度的自卑心理，这种自卑心理压得他日益难以喘息，最后得了精神分裂症。

自卑是人生潜在的杀手，都应当加以调节和根除。自信是克服自卑最有力的武器，你觉得自己是什么样的人，自己就会成为什么样的人。你自卑，那么你将一事无成；你自信，那么你就会在人生的道路上实现你的价值。尽管苏格兰哲学家卡莱尔曾说过："自卑和自我怀疑是人类最难征服的弱点。"但自卑并非不可消除，也并不可怕。具有良好心理素质的人对自卑具有极强的自控能力，他们的成功都是建立在自信基础上的。成功者之所以成功正是在于能够克服自卑，超越自卑。一个人只要相信自己行，就一定行，因为自信能使你充分发挥自己的潜能，想方设法达到自己的目的。

自卑是成功的天敌，我们必须战胜它。千万不要自轻自贱，应该真正地认识自己而不是否定自己，承认自己的重要性，有助于提升自信，这样你就可以渐渐地摆脱自卑，拥有全新的生活。

逃避问题会使人一蹶不振

A君是某公司经理，一次，他的一个助手出了一个纰漏，给公司造成了损失，六神无主的助手找到A君，表示要辞职。这时，A君给他讲了一个藏在心里已久的秘密："8年前，我受雇于一家建筑公司当业务员，由于我的勤劳能干，大量欠款源源不断地收回，公司颓败的景象颇有改观。老板也很赏识我，几次邀我到他家吃饭。就在这时，他唯一的女儿悄悄地爱上了我，常常送一些精美的小玩意儿给我。我起初不敢接受，后来碍于情面只得收下。就这样过了两年，当有一天我告诉她我不能再给予她太多时，她一气之下寻了短见。

"她的三个哥哥咆哮不止，扬言非要我偿命不可。那时我手里已有了为数不少的积蓄，很多人劝我一走了之。我没有这样做，心里只有一个念头：事因既然在我，我必须回去面对这一切，是死是活——无关紧要。"

"当我走进她的家门，一群人向我扑来，可她的父亲——我的老板向其他人摆了摆手，走上来紧握着我的手，良久才缓缓说了这么一句话：'一个女人愿意为你献身，说明你是一个不同凡响的人；你敢来面对这一切，说明你是一个有血有肉的人。'"

A君的话给了他的助手很大触动，他决定留下来，接受董事会的裁决。结果，董事会认为他敢于面对问题，只是扣了他两个月奖金。

面对难题退缩是没有用的，迎难而上才是解决问题的最佳方法。勇敢地面对问题，你会发现再困难的事情也没有到绝望的地步，转个方向又是一片生机。故事中 A 君明知去老板家等着他的是一场暴风雨，却没有因此一走了之，而是勇敢地去面对，这种精神值得我们每个人学习。生活中，当发生一些困难的事或令人痛苦的事时，很多人都选择逃避，然而事实就是事实，已经发生的不可能再改变。逃避、不敢面对其实就是在自我欺骗，这样只会使人变得更痛苦。而且一旦逃避成了习惯，人就会变得消沉，不再进取，到头来一事无成。

已故的布斯·塔金顿总是说："人生加之于我的任何事情，我都能面对，除了一样，就是瞎眼。那是我永远也无法忍受的。"

但是这种不幸偏偏降临了，在他 60 多岁的时候，他发现自己看东西模糊。他去找了一个眼科专家，证实了那不幸的事实：他的视力在减退，有一只眼睛几乎全瞎了，另一只好不了多少。他最怕的事情，终于发生了。

塔金顿对这种"无法忍受"的灾难有什么反应呢？他是不是觉得"这下完了，我这一辈子到这里就完了"呢？没有，他自己也没有想到他还能非常开心，甚至还能运用他的幽默。以前，浮动的黑影令他很难过，它们时时在他眼前游过，遮挡他的视线，可是现在，当那些最大的黑影从他眼前晃过的时候，他却会说："嘿，黑影来了，不知道今天这么好的天气，它要到哪里去。"

当塔金顿完全失明之后，他说："我发现自己是个能承受视

107

力减弱的人，就像一个人能承受别的事情一样。要是我五种感官全丧失了，我知道我还能够继续生存在我的思想里，因为我们只有在思想里才能够看，只有在思想里才能够生活，无论我们是否知道这一点。"

塔金顿为了恢复视力，在1年之内接受了12次手术，为他动手术的是当地的眼科医生。他没有害怕，他知道这都是必要的，他知道他没有办法逃避，所以唯一能减轻他痛苦的办法，就是爽爽快快地去接受它。他拒绝在医院里用私人病房，而住进大病房里，和其他的病人在一起，他试着去使大家开心，而在他必须接受好几次手术时——而且他很清楚地知道在他眼睛里动了些什么手术——他总是尽力让自己去想他是多么的幸运。"多么好啊，"他说，"多么妙啊，现在科学的发展已经到了这种地步，能够为像人的眼睛这么纤细的东西动手术了。"

一般人如果经历12次以上的手术和不见天日的生活，恐怕都会发疯发狂了。可是塔金顿说："我可不愿意把这次经历拿去换一些更开心的事情。"这件事教会他面对不如意的事，就像他所说的："瞎眼并不令人难过，难过的是你不能面对这个事实。"

我们在一生中，也常常遇到失败，失败就是这样，你逃避它，它就拼命地追逐你；你面对它，它就会停步。所以说，失败并不可怕，不敢面对它才更可怕。

日本大企业家松下幸之助对此理念阐述得最透彻，他说："跌倒了就要站起来，而且更要往前走。跌倒了站起来只是半个人，站起来后再往前走才是完整的人。"

日本三洋电机公司顾问后藤清一，曾在松下电器公司担任厂长，当时松下幸之助他最好的教育机会。有一天，日本遭逢有史以来最狂暴的台风，虽无人员伤亡，但工厂却几近全毁。后藤心想：好不容易迁到新厂，正想要全力生产、大干特干时，却遭此打击，老板心理上一定很沮丧吧！

松下是在台风即将停止之前赶到工厂的，此时不巧松下夫人亦身体不适而住院，他是探病后才赶来的。

"老板，不好了，工厂遭逢巨变，损失惨重，我来当向导，请巡视工厂一趟吧！"

"不必了，不要紧，不要紧。"

松下手中握着纸扇，仔细地端详它，横看、纵看，神情异常地冷静。

"不要紧，不要紧。失败没什么了不起的，跌倒就应爬起来。婴儿若不跌倒就永远学不会走路。孩子也是，跌倒了就应立即站起来，号哭是没有用的，不是吗？"

松下说完掉头就走，对工厂的灾难毫无惊恐失色之态，就快速离去。

胜败乃兵家常事，重要的是要敢于面对失败，重整旗鼓，开辟人生另一个战场。

习惯逃避现实的人，永远也无法获得成功。生命中总有这样或那样的挫折，只有勇敢面对，才能真正地享受生活。

逃避问题，常常会使人一蹶不振。当上帝关了这扇窗时，也一定会为你开启另一道门。逃避不能解决问题，勇敢地去面对，绝处才有生机。

知足并不是故步自封

　　小李常说自己是被大材小用了。他在机关工作，工作虽然稳定，但薪水却没有在公司上班的多。更重要的是，在单位里，他只是个小科员，他不知道自己哪年才能获得升迁。最后他选择了跳槽，他的朋友都劝他说："别乱折腾了，我们都羡慕你呢！工作稳定，吃喝不愁，哪像外面这么风雨飘摇！你呀，就知足吧！"但小李却听不进朋友的劝告，辞职去了一家广告公司打工，这回他才发现，给人打工确实不易。每天早出晚归，没有个清闲的时候，自己的性格又实在不太适合干这个。他开始强烈地怀念起在机关的工作来，可惜已经回不去了。后来小李大病了一场。

　　生活中，很多人总是这山望着那山高，仿佛别人的都比自己的好，他们不满足自己所拥有的东西，结果把自己推入了痛苦的深渊。我们应该逐步学会知足感恩，这样我们才能生活得更快乐。

　　有头驴子，总是嫌它的主人给它的食物太少，却让它干过多的活，实在不公平，于是它向上帝祈求改变现状，另外换一个主人。上帝劝诫它，它不听，给它换了新主人——一个烧瓦匠。在砖瓦场的劳动更加辛苦，驴子感到换主人后它的负担更重了，实在太累，于是又请上帝为它换主人。上帝答应了，但告诉它这是最后一次，于是把驴子送到皮革匠那里，驴子觉得它的工作更加繁重了，懊悔地感叹："我宁可在第一个主人那里饿死，在第二个主人那里累死，也比现在强得多。要知道，我现在的主人，我活着时要给它卖命，死了他还要剥我的皮，太悲惨了。"

由于不知足，这头驴子一步步滑入痛苦的深渊。在它不满第三个主人时，很可能会落入第四个痛苦，它只能在不知足的驱使下过着痛苦的一生。

还有这样一个故事：从前，印度有个国王名叫察微。

有一次，在空闲的日子里，察微王穿着粗布衣服，去巡视民情。他看到一个老头正在愁眉苦脸地补鞋，就开玩笑地问他说："天下的人，你认为谁是最快乐的?"

老头儿不假思索地回答："当然是国王最快乐了，难道是我这老头儿呀?"

察微王问："他怎么快乐呢?"

老头儿回答道："百官尊奉，万民贡奉，想要做什么，就能做什么，这当然很快乐了。哪像我整天要为别人补鞋子这么辛苦。"

察微王说："那倒如你讲的。"

于是，随后他便请老头儿喝葡萄酒，老头儿醉得毫无知觉。察微王让人把他扛进宫中，对王后说："这个补鞋的老头儿说做国王最快乐。我今天和他开个玩笑，让他穿上国王的衣服，处理政事，你们配合一下。"

王后说："好!"

老头儿酒醒过来，侍候的宫女假意上前说道："因为大王醉

111

酒，各种事情积压下许多，应该去办事了。"

众人把老头儿带到百官面前，宰相催促他处理政事，他懵懵懂懂，东西不分。史官记下他的过失，大臣又提出意见。他整日坐着，身体酸痛，连吃饭都觉得没味道，也就一天天瘦了下来。

宫女假意地问道："大王为什么不高兴呀？"

老头儿回答道："我梦见我是一个补鞋的老头儿，辛辛苦苦，想找碗饭吃，也很艰难，因此心中发愁。"

众人莫不暗暗好笑。夜里，老头儿翻来覆去睡不着觉，说道："我究竟是一个补鞋的老头，还是一个真正的国王？要真是国王，皮肤怎么这么粗？要是个补鞋的老头又怎么会在王宫里？"

王后假意说道："大王的心情不愉快。"便吩咐摆出音乐舞蹈，让老头儿喝葡萄酒。

老头儿又醉得不知人事。大家给他穿上原来的衣服，把他送回原来的破床上。老头儿酒醒过来，看见自己的破烂屋子，还有身上的破旧衣服，都和原来一样，全身关节疼痛，好像挨了打似的。

几天之后，察微王又去看老头儿。老头儿说："上次喝了你的酒，就醉得不省人事，到现在才醒过来。我梦见我做了国王，和大臣们一起商议政事。史官记下了我的过失，大臣们又批评我，我心里真是惊惶忧虑，全身关节疼痛，比挨了打还厉害。做梦都如此，不知道真正做了国王会怎么样？上次说的那些话错了。"

因而佛祖说："莫羡王孙乐，王孙苦难言；安贫以守道，知足即是福。"

故事中补鞋的老头儿羡慕国王的生活，以为锦衣玉食、万民朝拜就是一种快乐，岂不知国王也有国王的苦恼、补鞋也有补鞋的乐趣。

其实布衣粗饭，也可乐享终身。人生在世，贵在懂得知足常乐。知足常乐，就是要有一颗豁达开朗、平淡的心，在缤纷多变、物欲横流的生活中，拒绝各种诱惑，心境变得恬适，生活自然就愉悦了。而人之所以有烦恼，就在于不知足，整天在欲望的驱使下，忙忙碌碌地为着自己所谓的"幸福"追逐、焦灼、钩心斗角……

所以，我们要养成知足常乐的习惯，好好珍惜自己所拥有的东西。人生最大的痛苦不是"得不到"和"已失去"，而是不能体会自己身边的幸福，眼睛总是盯着别处。

知足的习惯并不是故步自封，而是一种从容，勇于改变确实是积极上进的表现，但盲目改变就是一种妄想，它只会给我们带来痛苦。我们应当认清自己所处的现实，学会知足感恩，牢牢地把握住自己所拥有的幸福。

波澜不惊应该是你的姿态

每天，当我们打开电视和报纸，都会看到许多令人不安的新闻。欧洲又发现了一例"疯牛病"，你情不自禁地会想：我今天吃的牛肉汉堡可别有"疯牛病"……股市又下跌了，你开始担心自己买的股票……美国发生了校园枪击事件，你在震惊之余，又为你在美国留学的孩子揪起了心……医生说，坐便马桶不卫生，会传染性病。你又忽然紧张起来，因为你白天开会时刚刚使用了楼里的公共马桶。

在家中，在单位，甚至走在大街上，你也会遇到许多烦心的事：孩子功课不好，又不用功；单位领导莫名其妙地冲你发火，为一件微不足道的小事足足批评了你一个小时；在路上，一个人嫌你挡了他的道，骂骂咧咧没个完。

正如古人所说，人们面对着外界的这些混乱干扰，心情怎么能够承受得了？

那么，该如何办呢？保持心情的宁静。只要稍微宁静下来，你眼前的一切就会是完全不同的情形。

让我们试着用平和宁静的心情来看待那些曾让我们心烦意乱的外界干扰。

世界就是这样，每天都会有很多坏消息、坏事报道出来，说明人们已经有了警觉。如果自己无力改变，相信会有人去改变，自己以后当心一点儿就是了。孩子让你操心，但最终要靠他自己努力，你尽到责任就可以了，不必为此而闹心。领导可能是有烦心事，不过是拿你当出气筒，不要太在意，受点儿委屈，也就过去了。路上遇到的那个人是很无礼，但你现在早已脱离了那人，忘了那人吧，那人早已走了，你还在为他而生气，不是继续替那人折磨自己吗……

庄子说："至人无己。"

114

"无己"即破除自我中心，亦即抛弃功名束缚的小我，而达到与天地精神往来的境界。

从这里可以看出，庄子所主张的超脱，实际上是摆脱了一切之后的无知无欲，表现在人生理想上，那就是"无名"，即独与天地相往来的独善其身。

对于生活在现实中的我们而言，庄子对天地精神的崇拜，固然是显得玄虚了一些，但针对构成我们世界的纯利益追求以至于忘却了自己的人来说，庄子的宏论和超脱还是具有一定借鉴意义的。

任何人也不能做到如庄子所言无知无欲而达到超脱，但效法天地之自然浑成，而注意自我心性的保持，能够超然物质欲求之外，倒亦是颇为有益的境界。

关于此，庄子曾在《逍遥游》中讲了这样的故事：

尧把天下让给许由，说："日月都出来了，而烛火还不熄灭，要和日月比光，不是很难为吗？先生一在位，天下便可安定，而我还占着这个位，自己觉得很羞愧，请容我把天下让给你。"

许由说："你治理天下，已经很安定了。而我还来代替你，要为着名利吗？是为着求地位吗？小鸟在森林里筑巢，所需不过一枝，鼹鼠到河里饮水，所需不过满腹。你请回吧，我要天下做什么呢？"

这个故事是说，天地之间广大无比，而在此之中，人所需又如此的渺小，拿自己的所需与天地相比那不是很可怜吗？那么何不效法天地之自然，而求得心性的自由和逍遥呢。

庄子要给予我们的也许是一种极宏远的宇宙观，让人认识到至广至大的极限处，解脱自我的封闭，超越世俗的小我。庄子的这种宇宙观，难道不是一种智慧的体现吗？

作为生命的个体，我们是湮没在万象的生命之中的。但正是作为个体，我们才能真切感受到生命的世界所具有的伟大和恢宏。

只要你觉得自己是一个值得一活的人，人生的危机就不会妨碍你去过充实的生活。如此，就会有一种安全感取代焦虑不安，而你也就可以快快乐乐地活下去，把不安之感减低到最低限度。有了这种"安全感"，也就自然会有心灵的平和宁静。

要保持宁静的心态，可以在遇到烦心的事时有意识地改变一下想法。比如在乘公共汽车时碰到交通堵塞，一般人会焦躁不安，但你可以想："这正好使自己有机会看看街道，换换脑子。"如果朋友失约没来找你玩，你也不必心生烦闷，你可以想："不来也没关系，正好自己看看书。"

这样转换想法，就可以使烦躁的心境变得平和起来。

太"勤快"也未必是好事

有个伐木工人在一家林场找到一份伐树的工作，由于薪资优厚，工作环境也相当好，伐木工很珍惜，决心要认真努力地工作。

第一天，老板交给他一把锋利的斧头，划定一个伐木范围，让他去砍伐。非常努力的伐木工人，这天砍了 18 棵树，老板也相当满意，他对伐木工人说："非常好，你要继续保持这个水准！"

伐木工听见老板如此夸赞，非常开心，第二天他工作得更加卖力。但是，不知道为什么，这天他却只砍了 15 棵树。

第三天，他为了弥补昨天的缺额，更加努力砍伐，可是这天却砍得更少，只砍了 10 棵树。

伐木工人感到非常惭愧，他跑到老板那儿道歉："老板，真对不起，我不知道为什么，力气好像越来越小了。"

老板温和地看着他，接着问："你上一次是什么时候磨斧头的？"

伐木工望着老板，诧异地回答说："磨斧头？我每天都忙着砍树，根本没有时间磨斧头啊"！

俗话说，磨刀不误砍柴工。停下来磨磨斧头，是为了能更快地砍伐树木，伐木工人不懂这个道理，只顾埋头干活，结果自己累得筋疲力竭，工作却越做越差劲儿。工作懒散是遭人唾弃的，于是很多人就养成了"勤奋"工作的习惯，但是他们的勤奋过了头，反倒把自己的生活弄得一团糟。

别以为不停地工作是一种成功的前兆，是一种人生的优点，是勤奋的外在表现。其实，工作与休息是相得益彰的，而且工作的同时还需要有时间思考。

有一位张先生，是一家成衣厂的老板。他是一个非常勤奋的人，对他来说忙碌工作已经成为了他的一种习惯，下属们都在背后说他是工作狂。这位张先生，从早到晚埋头工作，批改文件、处理订单……他相信天道酬勤，自己的辛劳一定会得到厚报。但最近他的心情很不好，因为不知为什么销售额大幅度下滑，在与他的老客户，也是老朋友谈生意时，他说起了自己的烦恼。老朋友迟疑了一下，从口袋里拿出一场服装秀的门票给他，张先生很不高兴地接过票："你在搞什么？这种时候我忙都忙不过来了，哪有闲工夫去看模特在台上走来走去呀？"老朋友摇了摇头，"你就是这点不好，满脑子就只想着工作，你的问题就出在这里。看看你，每天忙得头昏脑涨，只知道批文件、抓生产，你最需要的就是休息，它让你保持头脑清醒，让你有时间去思考一下发展的问题。说实话，你的服装已经落伍了，这就是忙碌工作的结果。老朋友，不要把自己弄得太忙，留些时间，万事都要思考周到才是。磨刀不会误了你砍柴的工夫啊！"

这番一针见血的话点醒了张先生，他去观看了那场服装表演，他试着分出一些时间来休息、来思考，当工厂的销售额节节上升时，他才发现自己以前其实一直在做着"事倍功半"的傻事。

懒散的习惯虽然要不得，但太"勤快"了也未必是什么好习惯。李宗盛曾在一首歌中这样唱："忙，忙，忙，忙得没有了方向，忙得没有了主张……"其实只顾低头忙碌的人，就像一个被抽打而转动着的陀螺，他们陷入了不清楚自己该干些什么的状态里，忙得没有一点意义。

不花时间思考、只顾埋头工作，这样的习惯只会让事倍功半的情况不断发生。多花一点时间准备，多花一点时间增强实力，你才能事半功倍，把工作做得更好。

忙碌的工作不是最好的生活，如果你是工作狂，那么最好马上改正。不要充当工作机器，不要一股脑地往前冲，留点时间休息一下，或停下脚步重新评估、审视，这样你才不会冲过了头，一头栽进失败的陷阱里。

第四章

找对方向
——绕开对手潜藏的『陷阱』

战斗是残酷的，也是充满悬疑的，在这场善与恶、美与丑的较量中，作为我们"头号对手"，它总是会演变出千变万化的花招和策略，诱使你踏进那早已铺好的陷阱和阵台。为此，我们一定要始终坚定自己的方向，用智慧和微笑告诉它，这一切在你的身上不会发挥任何作用。

拖延能毁掉你最简单的梦想

李欣有个坏习惯，做事总喜欢拖延。如果有什么事今天做可以，明天做也行，那他绝对会拖到明天去做，所以朋友们给他起了个外号叫"磨蹭大王"。在学校里，这个习惯还没给他带来多大影响，顶多是晚交报告被教授说几句，但到了社会上，他却因此吃了不少苦头。毕业后，李欣一直没找到合适的工作，有一天一个同学告诉他一个消息：某市公开招聘三名电台主持人。听到这个消息，李欣高兴坏了，他的语言及外形都没问题，而他的学历也颇具优势，当电台主持人是他最大的理想，这可真是天赐良机。那什么时候去报名呢？李欣想："过两天吧！我总要准备准备啊！"于是一天拖过一天，五天后，他终于决定行动了！然而当他风尘仆仆地赶到某市时，电台工作人员却告诉他，三天前报名就截止了。于是李欣只好怀着遗憾回了家，他自己也明白，以后很难再碰到这样好的机会了！

李欣的拖延，使他失去了圆梦的机会，可以肯定的是，如果他不能改掉这个坏习惯的话，他还将失去更多。很多人在年轻时就养成了拖延的习惯，而一份分析了 1000 名男女的失败报告中显示：拖延的习惯高居众多失败原因中的榜首，如果我们能够立刻行动的话，那么人生成功的概率会更高。

有这样一个故事：一位国王做事喜欢拖延，有一次，他收到一封潜伏在敌国的间谍发回来的紧急情报，他没有把情报拆开，而是随手放在了餐桌上，心想："明天再处理吧！"第二天，在吃早餐的时候他看见了那封紧急情报，"有什么大不了的事呢？等会再说！"他让侍臣为他斟上了一杯香醇的美酒，喝完之后，他才慢慢拆开信件。看完信，他立刻跳了起来，原来上面说：国王的侍臣中有间谍，他接到了毒杀国王的命令。国王想召集侍卫，可是已经太晚了，鲜血从他的嘴角流下来，他刚才喝的正是那杯毒酒。

只不过把事情拖了一个晚上，国王就付出了生命的代价，如果他能做到立即行动的话，那么情况就会完全不一样了。生活中，许多人都有拖延的习惯，由于这种习惯，他们可能出门误车、上班迟到，或者失去可能更好地改变他们整个生活进程的良机。所以，无论什么情况下，如果你想做什么事情的话，那就马上开始行动，千万不要拖延。

"二战"期间，日军在马尼拉登陆时，菲律宾海军的一名文职雇员被捕后关进了一个旅馆，两天后又被送往一个集中营，他叫卡蒙。

就在到达集中营的第一天，卡蒙看见一个难友的枕头底下有一本励志书，难友把这本书借给了他。

在卡蒙阅读这本书之前，他的情绪很坏。他恐惧地想在那个集中营里可能遭受的折磨，甚至死亡。但是，当他读了这本书时，他就被希望所鼓舞了。他渴望拥有这本书，让它同自己一起去迎接前面那些可怕的日子。卡蒙在同难友讨论书中的问题时，认识到这本书是他自己的一笔巨大财富。

"让我抄这本书吧!"他说。

"当然可以,你开始抄吧。"难友回答。

卡蒙立即开始抄书。一字又一字,一页又一页,一章又一章,他紧张地抄着。他时刻陷在可能随时失去这本书的苦恼中,这本书会在任何时候被拿走,但这种苦恼激励他日夜工作。

真是幸运,卡蒙在抄完书的最后一页后不久,他就被转移到臭名昭著的圣多·托玛斯城集中营。卡蒙之所以能完成抄书工作,乃是因为他能及时开始这项工作,分秒必争。卡蒙在 3 年零1 个月的囚犯生活中随时都带着这本书,把它读了又读,这本书给了他丰富的精神食粮,鼓舞他生发勇气,制订未来计划,保持和增进心理和生理健康。圣多·托玛斯监狱的囚徒在生理和心理上遭受了巨大的伤害——既恐惧现在,也恐惧未来。"但是,我在离开圣多·托玛斯时比我做见习医生时还要觉得好些。在那儿,我更好地为生活做了准备,心理上也更加活跃了。"在卡蒙的谈话中,你可以感受到他的主要思想:"成功必须立即行动,否则它会长上翅膀,远走高飞。"

所以,我们应该戒掉拖延的习惯,要不断提醒自己立即行动,因为只有这样你才能抓住宝贵的时机,成为你想成为的人。

拖延能毁掉你最简单的梦想,而立即行动却能把你最伟大的梦想变为现实。如果你不想一事无成的话,那就要立刻行动起来。

空想是梦想的最大阻碍

　　李菲身材修长、相貌清秀，她最大的梦想是能成为一名模特，在 T 形台上闯出属于自己的一片天地，然而不知为什么她竟然接连两次落选，这使她受到了很大打击。于是，她也不去找工作，只窝在家里看那些超级名模的走秀录像带。渐渐地，她开始陷入只属于她自己的世界里：看着屏幕上窈窕的身影，她想象着自己就是她们中的一个，穿着美丽的衣服，在各大都市中穿梭，迎接她的是鲜花和人们羡慕的眼神……在上海工作的哥哥，帮她找到了一个做平面模特的工作，大家都以为她会很高兴，但她却冷淡地拒绝了，她认为自己一定会成为一个超级名模，就这样，她还是每天窝在家中，编织着美丽的梦———一场注定无法实现的美梦。

　　如果李菲不是养成了做白日梦的习惯的话，那么凭借自身条件从平面模特做起也是大有可为的。弗洛伊德认为，白日梦是因为在现实生活中，人的某种欲望得不到满足，所以才在一系列虚无的幻想中寻找心理平衡。做白日梦的习惯会给人们带来相当大的危害，所以你必须及早从这种习惯中挣脱出来，不要被它毁了一生。

　　下面有个故事说明了"白日梦"的危害性：一年夏天，一个淳朴的乡下小伙子登门拜访年事已高的爱默生。小伙子是一个诗歌爱好者，因仰慕爱默生的大名，故千里迢迢前来寻求文学上的指导。

这位青年诗人虽然出身贫寒，但谈吐优雅，气度不凡。一老一少谈得非常融洽，爱默生对他非常欣赏。

临走时，小伙子留下了薄薄的几页诗稿。

爱默生读了这几页诗稿后，认定这位乡下小伙子在文学上将会前途无量，决定凭借自己在文学界的影响大力提携他。

爱默生将那些诗稿推荐给文学刊物发表，但反响不大。他希望这位小伙子继续将自己的作品寄给他。于是，他们开始了频繁的书信来往。

小伙子的信写得长达几页，大谈特谈文学问题，激情洋溢，才思敏捷，表明他的确是个天才诗人。爱默生对他的才华大为赞赏，在与友人的交谈中经常提起这位诗人。小伙子很快就在文坛有了一点小小的名气。

但是，这位小伙子以后再也没有给爱默生寄诗稿，信却越写越长，奇思异想层出不穷，言语中开始以著名诗人自居，语气越来越傲慢。

爱默生开始感到了不安。凭着对人性的深刻洞察，他发现这位小伙子身上出现了一种危险的倾向。

通信一直在继续。爱默生的态度逐渐变得冷淡，成了一个倾听者。

很快，秋天到了。

爱默生去信邀请这位小伙子前来参加一个文学聚会。他如期而至。

在这位老作家的书房里，两人有一番对话：

"后来为什么不给我寄稿子了？"

"我在写一部长篇史诗。"

"你的抒情诗写得很出色，为什么要中断呢？"

"要成为一个大诗人就必须写长篇史诗，小打小闹是毫无意义的。"

"你认为你以前的那些作品都是小打小闹吗？"

"是的，我是个大诗人，我必须写大作品。"

"也许你是对的。你是个很有才华的人，我希望能尽早读到你的大作品。"

"谢谢，我已经完成了一部，很快就会公之于世。"

文学聚会上，这位被爱默生所欣赏的小伙子大出风头。他逢人便谈他的伟大作品，虽然谁也没有拜读过他的大作品。即便是他那几首由爱默生推荐发表的小诗也很少有人拜读过。但几乎每个人都认为这位小伙子必将成大器。否则，大作家爱默生能如此欣赏他吗？

转眼间，冬天到了。小伙子继续给爱默生写信，但从不提起他的大作品。信越写越短，语气也越来越沮丧，直到有一天，他终于在信中承认，长时间以来他什么都没写。以前所谓的大作品根本就是子虚乌有之事，完全是他的空想。

他在信中写道："很久以来我就渴望成为一个大作家，周围所有的人都认为我是个有才华、有前途的人，我自己也这么认为。我曾经写过一些诗，并有幸获得了阁下您的赞赏，我深感荣幸。"

"使我深感苦恼的是，自此以后，我再也写不出任何东西了。在现实中，我对自己深感鄙弃，因为我浪费了自己的才华，再也写不出作品了。而在想象中，我是个大诗人，我已经写出了传世之作，已经登上了诗歌的王位。

"尊贵的阁下，请您原谅我这个狂妄无知的乡下小子……"

从此后，爱默生再也没有收到这位小伙子的来信。

白日梦给人带来的最大的副作用就是，逃避现实、不思进取。比如故事中的这位小伙子，当他养成做白日梦的习惯后，他根本就没有考虑过如何才能走向成功，如何才能实现自身的社会价值。他一心只梦想着成功后的那份辉煌。事实上，当他陷入难以自拔的白日梦的泥潭之中时，他原有的才华就已经丧失殆尽了，结果他只能成为一个庸人。

现实确实没有想象让人满意，但它却是实实在在的，是你可以触摸得到的东西。如果你总是习惯于做白日梦，那么到最后你就会一无所得。

生活中，很多人都有做白日梦的习惯，然而美梦终归是要醒来的，沉醉于白日梦会让你由逃避现实到与现实脱节，最后一事无成。请记住，人生路上我们不仅需要一对幻想的翅膀，更需要一双踏踏实实的脚！

等待无法创造奇迹

有一位满脑子学问的教授与一位卖鱼的小贩毗邻而居，尽管两人地位悬殊，知识水平、性格有天壤之别，可两人有一个共同的目标——尽快富裕起来。每天，教授跷着二郎腿大谈特谈他的致富经，卖鱼的小贩就在一旁虔诚地听教授说："只要给我一个机会，我就能成功！"小贩非常佩服教授的学识与智慧，并且开始依照教授的致富设想去做。若干年后，小贩成了百万富翁、城里的新贵，而教授还在家里等着致富机会。

这位教授可能有一百种致富方法，但他却很难成为真正的富翁，因为他习惯了消极等待，缺少行动精神。消极等待的习惯除了磨去我们的锐气，让我们一事无成外，没有任何好处，所以绝不能让这种恶习控制我们，应该随时提醒自己：一切的一切毫无意义——除非我们付诸行动。

有这样一个故事：有个落魄的中年人每隔三两天就到教堂祈祷，而且他的祷告词几乎每次都相同。

"上帝啊，请念在我多年来敬畏你的分儿上，让我中一次彩票吧！"

几天后，他又垂头丧气地回到教堂，同样跪着祈祷："上帝啊，为何不让我中彩票？我愿意更谦卑地来服侍你，求你让我中一次彩票吧！"

又过了几天，他再次出现在教堂，同样重复他的祈祷。如此周而复始，不间断地祈求着。

终于有一次，他跪着祈祷说："我的上帝，为何你不垂听我的祈求？让我中彩票吧！只要一次，让我解决所有困难，我愿终生奉献，专心侍奉你……"

就在这时，圣坛上空传来一阵宏伟庄严的声音："我一直垂听你的祷告。可是，最起码，你也该先去买一张彩票啊！"

这个中年人其实是很可笑的，他希望能中彩票，解决自己的

127

困难，那么他为这个目标做了什么呢？除了等待上帝赐予这样的机会外，他甚至连一张彩票都没买过。生活中，许多人也像这个落魄的中年人一样，习惯于等待好事情的发生，而自己却不为自己的梦想付出一点努力，最后，他们的梦想只能是竹篮打水一场空。

有一位名叫曼迪的美国女孩，她的父亲是西雅图有名的整形外科医生，母亲在一家声誉很高的大学担任教授。

她的家庭对她有很大的帮助和支持，她完全有机会实现自己的理想。

她从念大学的时候起，就一直梦寐以求地想当电视节目的主持人。

她觉得自己具有这方面的才干，因为每当她和别人相处时，即使是陌生人也都愿意亲近并和她长谈。她知道怎样从人家嘴里"掏出心里话"。她的朋友们称她是他们的"亲密的随身精神医生"。

她自己常说："只要有人愿意给我一次上电视的机会，我相信我一定能成功。"

她在等待奇迹出现，希望一下子就当上电视节目的主持人。这种奇迹当然永远也不会到来。因为在她等奇迹到来的时候，奇迹正与她擦肩而过。

我们不能不为曼迪感到惋惜，如果不是习惯于等待，她是很有可能获得成功的。故事还没完，曼迪有个同班同学雪利也非常喜欢主持人的工作，不过说实话，她的条件要比曼迪差多了，她来自纽约的一个贫民家庭，她没有曼迪漂亮，没有曼迪会说话，但她却是个敢想敢干的姑娘，"想到了就要去争取"是她的口头禅。大学毕业后，她白天在医院工作，晚上就去上播音主持的培训课，有机会就向各电视台投简历，结果 3 年后，雪利成了一个颇受观众欢迎的节目主持人。

两个怀着相同梦想的女孩，最终却得到了两个不同的结局，一个成功，一个失败。之所以会产生这种结果，就是由于一个习惯消极等待，而另一个却习惯主动出击。等待是毫无意义的，如果你希望实现梦想，那就要努力去争取，只是坐在家里等待有用吗？不行动是无法成功的。

电影《刘三姐》中唱道："竹子当收你不收，笋子当留你不留，绣球当捡你不捡，空留两手捡忧愁。"行动就能拥有一切，等待就一无所有，一个国家的法律，不论多么公正，永远不可能防止罪恶的发生；任何宝典，即便是羊皮卷，永远也不能创造财富，只有行动才能使法律、宝典具有现实意义。所以请抛弃等待的习惯，它是阻碍你实现梦想的最大绊脚石。

天上不会掉馅饼，等待只会使你一无所获。如果你有了强烈的愿望，就要积极地迈出实现它的第一步，即使条件不完全具备，你也可以自己创造一些条件。

不坚持怎么会胜利

　　欧阳智安，调酒冠军。小时候他热爱足球，但却因为个子矮而被足球队淘汰。20 岁时，他迷上了花式调酒，从此，他为了这个梦想而四处偷师学艺。一次，欧阳在一个酒吧里当杂工，以期能找机会学习调酒。有一天，他在配果间里练甩瓶子，可还没练上 5 分钟，经理就推门而入，把桌子上来不及收拾的果汁往他脸上抹，边抹还边破口骂粗话。那一刻，欧阳委屈极了，眼里有泪，却坚持着没让它流出来……

　　但欧阳还是有办法练习调酒。从配果间到台位，要经过吧台。每次经过吧台的时候，欧阳总是把脚步放到最慢，为的是记住大师兄的一招一式，听清楚他和顾客怎么交谈；经理不在的时候，他便早早地把分内的事干完，再寻机帮大师兄做这做那，偷偷留意大师兄的调酒配方。配方全是英文的，他每次都囫囵记下，等有空的时候，再去找对应的瓶子。

　　调酒师不认识洋酒怎么行？酒吧每天都要把各种洋酒从橱柜里摆到吧台上，下班之后再收回去。欧阳主动把这活儿揽下了，他给所有的洋酒都贴上中文标签，然后每天利用摆酒收酒的短暂机会，了解这些酒的颜色、包装与味道。经过一个月的强化记忆，他总算把这些洋酒熟记于心。

正是由于拥有坚持到底的习惯，欧阳智安用两年的时间把自己变成了一个世界调酒冠军。

2001 年 10 月，欧阳在丹麦首都哥本哈根的世界调酒比赛上获得了花式调酒单项冠军。

如果没有坚持到底的好习惯，欧阳智安就无法面对学艺过程中的诸多困难，更无法成为一个世界冠军了。习惯也有好坏之分，坚持就是一个能给你带来成功的良好习惯，坚持，再坚持，是每个苦苦探索最终成功的人的必经之路。

中国古代大哲人荀子说："骐骥一跃，不能十步，驽马十驾，功在不舍。"这充分地说明了坚持的重要性。骏马虽然比较强壮，腿力比较强健，然而它只跳一下，最多也不能超过十步，这就是不坚持所造成的后果；相反，一匹劣马虽然不如骏马强壮，然而若它能坚持不懈地接连走十天，照样也能走得很远，它的成功在于走个不停，也就是坚持不懈。这就像是龟兔赛跑：兔子腿长，跑起来比乌龟快得多，照理说，也应该是兔子赢得比赛，然而结果恰恰相反，乌龟却赢了这场比赛。这是什么缘故呢？正是因为兔子没有坚持到底，它自恃腿长，跑得快，跑了一会儿就在路边睡大觉，似乎是稳操胜券。然而乌龟则不同了，它没有因为自己的腿短、爬得慢而气馁，而是更加锲而不舍地坚持爬到底。坚持就是胜利，它胜利了，最终赢得了比赛，也赢得了大家的尊重。

著名作家杰克·伦敦的成功也是建立在坚持之上的。他在学习写作时坚持把好的字句抄在纸片上，有的插在镜子缝里，有的别在晒衣绳上，有的放在衣袋里，以便随时记诵。他终于成功了，成为了文学界的名人，然而他所付出的代价也比其他人多好

131

几倍，甚至几十倍，同样，坚持也是他成功的保障。

成功的到来，总是需要时间的，因此坚持就显得极其重要了。有的人成功，就因为他们比别人多坚持了一下；另一些人失败，也只是因为他们没能坚持到最后。

另外，在遇到困难的时候，更要坚持，就像比阿斯说的："要从容地着手去做一件事，一开始就要坚持到底。"所有的成功者都可以证明：是坚持成就了人生的辉煌。

20 世纪 70 年代是世界重量级拳击史上英雄辈出的年代。4 年多未上拳台的拳王阿里此时体重已超过正常体重 20 多磅，速度和耐力也已大不如前，医生给他的运动生涯判了"死刑"。然而，阿里坚信精神才是拳击手比赛的支柱，他凭着顽强的毅力重返拳台。

1975 年 9 月 30 日，33 岁的阿里与另一拳坛猛将弗雷泽进行第三次较量（前两次一胜一负）。在比赛进行到第 14 回合时，阿里已精疲力竭，濒临崩溃的边缘，这个时候一片羽毛落在他身上也能让他轰然倒地，他几乎再无丝毫力气迎战第 15 回合了。然而他拼命坚持着，不肯放弃。他心里清楚，对方和自己一样，也是只有出的气了。比到这个地步，与其说在比气力，不如说在比毅力，就看谁能比对方多坚持一会儿了。他知道此时如果在精神上压倒对方，就有胜出的可能。于是他竭力保持着坚毅的表情和誓不低头的气势，双目如电，令弗雷泽不寒而栗，以为阿里仍有着充裕的体力。这时，阿里的教练敏锐地发现弗雷泽已有放弃的意思，他将此信息传递给阿里，并鼓励阿里再坚持一下。阿里精神一振，更加顽强地坚持着。果然，弗雷泽表示认输，甘拜下风。

裁判当即高举起阿里的臂膀，宣布阿里获胜。这时，保住了"拳王"称号的阿里还未走到台中央便眼前漆黑，双腿无力地跪在了地上。弗雷泽见此情景，如遭雷击，他追悔莫及，并为此抱憾终生。

其实，当你已经下定决心为自己的目标奋斗下去时，就连艰辛的付出也会变得让人心旷神怡。

但如果只是浅尝辄止，畏惧退缩，你所能得到的，只能是一连串的沮丧和失意。最后，你甚至会失去生活和工作的乐趣。

我们都知道"愚公移山"的故事，但近来很多人叫嚣"愚公真愚"，认为"愚公精神"不应提倡，他们的理由是：如果不是两位大仙帮忙，而真靠人力去搬，把几代人的生命都耗在未来不可知的事情上又有什么意义呢？乍一听，这话很有道理，生命何其短暂，干吗把一生都耗在一件没有把握的事上呢？可是我们稍微推敲一下就可以看出此论的漏洞来了。

想当初，如果刘备没有几次三番地跑到诸葛亮住的茅草屋请诸葛亮帮忙，一个只想在乱世里平安度日的诸葛亮又怎么会跑去做刘备的智库呢？正如愚公的精神才感动了大仙去搬山。

卡耐基曾说过："朝着一定目标走去是'坚'，一鼓作气途中绝不停止是'持'。一切事业的成败都取决于此。"所以，如果你想达到你的目标，就要培养坚持到底的习惯，能够取得成就的人，就是能够坚持到底的人。

很多人因为不能坚持，而在最后关头功败垂成，或是历尽艰辛后中途放弃，他们因此而遗憾终生。我们应当尽力培养坚持的习惯，遇到困难时，不要轻言放弃，再加把劲，成功就在前方！

让目标成为行动的指南针

两个男孩在大学时代是铁哥们儿，他们都颇有豪气，立誓将来一定要成为大人物。10年之后，他们在一次同学聚会上碰了面，甲已经是某合资公司的中方经理了，年薪百万，出入名车代步，还结识了不少知名人士。相比之下，乙的境况就差多了，他在某房地产公司做办公室主任，不受重视不说，还常惹一肚子气。乙沮丧地问甲："10年来，我是拼了命地为梦想努力，这些年我换了四个工作，怎么有前途怎么干，为什么我却混得这么惨呢？"甲叹了口气："老同学，我问你，在这个公司里，你希望自己能成为什么人？"乙大大咧咧地说："那当然是职位越高越好，能当老总我才乐呢？"甲严肃地说："这就是你这么'惨'的原因了，你没有明确的目标，每天只是乱忙一气！我刚进公司时，是一个小职员，我给自己制定的目标：两年之内，我要坐上主管的位置。于是我就朝这个方向努力，以后我又制定了当部长、当经理的目标，后来都实现了，老同学，目标明确才不会原地打转啊！"

故事中的乙，因为盲目行动，没有明确目标，所以一无所得，这也是生活中一部分人的真实写照。这些人整天忙忙碌碌，但他们中很少有人能获得成功，因为没有方向的努力，永远也到不了终点。

一个人如果找到了自己的目标，那么他也就有了努力的方向，即使前面有重重大山阻隔，他也能够为了目标而坚持下去。试着为自己树立一个目标吧！朝着这个方向努力，成功就可以期待。有一则寓言故事，大意是说唐初在长安城西的一家磨坊里，有一匹马和一头驴子是对好朋友，马儿每天都在外面奔波运送，驴子则在屋里推磨。

贞观四年，这匹马被玄奘大师选为坐骑，要与大师一起前往印度取经。

十几年后，这匹马驮着佛经回到了长安。

它重回磨坊里会见驴子朋友，并谈起这次旅途的经历："你知道吗？我经历了浩瀚无边的沙漠、高入云霄的峻岭、凌山的冰雪、热海的波澜，那些像神话般的世界……"

驴子听了大为惊奇，赞叹地说："你的经历多么丰富呀！那些遥远的道路，我连想都不敢想啊！"

这时，老马笑了笑说："其实，我们走过的路程是相等的。当我向西域前进的时候，你同样一步也没有停止过。我们不同的地方是，我与玄奘大师都有一个遥远却明确的目标，也始终按照一定的方向前进，最终我们打开了广阔的世界。而你因为被蒙住了眼睛，一生只能绕着磨盘盲目地打转，最终都无法走出狭隘的天地。"

当我们付出无尽的辛苦之后，若是一无所得，探究其中原因，几乎都是因为我们不知不觉中陷入"原地踏步"或"盲目打转"的泥潭。

这是因为，我们多半都不是朝着自己的目标前进，甚至是在"骑驴找马"的状态中，不断地重新开始，无法累积成果。

威廉·皮特是目标专一、意志坚定的杰出典范。当他还是孩子时，就被教导只有成就一番赫赫伟业，才不会辜负他父亲的期望。这是他所受一切教导的主旨。无论他身在何处，无论他做些什么，不管是在上学、工作还是娱乐，他从未忘记过父母赋予他的这一神圣职责——他应该出人头地，应该成为一个公正、睿智、有影响力的政治家。这个观念在他身体的每一个细胞中生根发芽，并鼓励着他锲而不舍、坚韧不拔地朝着这个明确的目标前进。22 岁那年，他就进入了国会；在 23 岁时，他就当上了财政大臣；而到 25 岁时，他已经成了英国首相。

皮特在早期就朝着一个确定的方向接受了专门训练，大学毕业以后，他没有像别人那样浪费时间，没有为了确定自己的职业而瞻前顾后，而是毫不犹豫地朝着自己的目标勇往直前。

皮特的一个对手曾经这样评价他："这个人既不会冒进也不会退缩，他一直都在飞翔。"

开始，没有谁能真正看清希望企及的目标，就像马拉松比赛一样，即便是起跑以后，他所见的也只是前面不远的道路。他不是靠高挂在天空的星星引路，而是靠手上的火炬照亮脚下的路，这样可以使他信心百倍，毫不畏惧，一直跑下去。尽管远方的路笼罩在暮霭之中，但永不熄灭的火炬会让他看清眼前的路。

如果说梦想是我们人生的动力，目标明确则是启动梦想的重要钥匙。

明确的目标就像方向盘一样，人生没有了方向盘，我们便无法掌握前进的方向。只要我们有了方向，生活态度与实际行动便会开始改变，潜能也会跟着激发出来，一切正是为了完成我们的最终目标。

你的目标在哪里？你的失意是因为没有机会，还是因为你根本不清楚自己的目标是什么？

其实，我们根本不必担心没有机会，因为人生有很多机会，怕只怕你根本不知道自己的方向在哪里，而错失一次又一次的机会。

一个习惯于盲目行动的人，不会有好的未来，因为他无法把握自己的方向。我们必须学会在开始行动之前明确目标，这样我们才能在目标的指引下大步前进，到达梦想的彼岸。

没有开始就永远无法有结果

李强是个很有理想的年轻人，但他到了 36 岁却还没有什么作为。这是因为他有一个坏习惯：在行动之前总是想得太多。3 年前他曾经想开一家高档洗衣店，朋友们很支持他的想法，鼓励他赶快行动。但李强的"老毛病"又发作了，他开始犯起了嘀咕：如果客人太挑剔怎么办？我只买得起国产的干洗机，虽然市场调查显示，很多人都有这个消费能力，可万一我真开了，没有客人怎么办？李强琢磨了好久，朋友急了催他，他嘴里说着，过两天就去选店面，但却迟迟不行动，时间久了，开店计划也就不了了

第四章 找对方向——绕开对手潜藏的『陷阱』

之了。3年中，城里陆续开了很多干洗店，生意都很红火，李强又痛又悔。朋友劝他现在开店也来得及，但李强又开始为自己开店能否有竞争力而烦恼了起来。

李强的干洗店，恐怕永远也开不起来，因为他习惯于为了假设性的问题烦恼，还没行动就开始后退了。其实，完全不必为还没开始的任务做假设，也不必为将来做任何预测，只要我们脚踏实地地做好每一件事，就一定能得到心中期望的结果。

有这样一个故事：阿三和阿四是一对好朋友，因为闯了祸，两人只好趁着黑夜逃离居住的地方。跑了一个晚上后，就在天快亮时，他们决定找个地方休息一下。

阿三气喘吁吁地说："找个地方休息一下吧！我们已经离开城镇很远了，我想他们不会追来了！"

阿四也点头表示："好！"

于是，他们来到一棵大树下休息。

他们躺在树下，放松了心情，闲聊起来。

阿三忽然想到一个问题，便问阿四："如果我在路上捡到了一笔钱，你觉得我要怎么处理？"

阿四听到阿三的白日梦，精神忽然一振，开心地说："如果捡到一大笔钱，那当然是你一半、我一半啦！"

阿三一听，急着说："你想得美！谁捡到了钱，就是谁的，如果是我捡到的话，凭什么要分一半给你？"

阿四一听，气愤地说："你这个人可真不够义气，我们一起逃亡，一起赶路，你捡到了钱，我也在你身边，我也看见了，你凭什么独吞？你真是个贪财鬼，一点也不够朋友，真是禽兽不如!"

听到阿四这么激动的怒骂,阿三也火了,他生气地吼着:"你这是什么话!什么叫禽兽不如?你再说一遍!"

阿四一点也不示弱,他挑衅地说:"说就说啊!谁怕你啊!我说,你真是个禽兽不如的家伙!"

阿四一说完,阿三气得挥了一个拳过来,这一挥拳,两个人就这么扭打了起来。这时,有个人走了过来,连忙上前劝阻说:"喂,你们别这样,有什么事不能说开呢?别打了,说来听听!"

阿四立即不平地说:"我们原本是好朋友,但是这家伙捡到了一笔钱居然不愿分给我,想要自己独吞!"

阿三一听,立即辩驳:"是我捡到的,当然是我的啊!我想给谁就给谁,我不想给就不……"

阿三话还没说完,火气甚旺的阿四立刻挥了一拳过来,还怒气冲冲地说:"还说不愿意,我就让你尝尝我的大拳头!"

路人看他们打得不可开交,转念一想,开口问:"你们先别急,让我帮你们调解。你们捡的钱在哪里?一共多少钱?"

这一问,两个人停止扭打了!

他们顿时都呆住了,异口同声地说:"咦?还没捡到啊!"

路人瞪大了眼,摇了摇头说:"连个影子都没有,那么你们两个干吗吵成这样?"

这下子两个人可呆住了,他们看着彼此的青鼻肿脸,尴尬地苦笑着。

这个故事虽然很可笑,却能发人深省。生活中,我们是否也曾做过这两个愚人所做的事呢?为了一些假设性问题浪费精力。

139

这也是许多人的坏习惯。行动都还没开始，便不断地给自己设置诸多想象出来的阻碍，使得计划表上的进度永远停滞在起点。

没有开始就永远无法有结果，一个人如果总是习惯于行动之前在思想上给自己设置障碍，那他就将永远停留在起点。其实，只要做好行动计划，用心地去执行就可以了，你的努力一定会得到丰厚的报偿。

改掉半途而废的习惯

两个女孩都没有考上大学，以后的路该怎么走呢？两人商量一下，决定向餐饮业发展，她们不是到饭店打工，而是自己开了小店当老板。她们在一个商业区附近开了间小而干净的饭馆，并且只接受附近写字楼上班族订餐，一开始她们吃尽了苦头：4点多钟就要去早市批菜，回来后赶紧洗菜择菜，给厨师打下手，然后又蹬着三轮车挨个写字楼跑，受人白眼、奚落是经常的事……终于 A 女孩决定放弃了，她再也忍受不了这样的辛苦。亲戚介绍她去做公交车售票员，她去了。B 女孩却没有放弃，她相信自己一定会获得成功。5 年后，两个女孩又见面了，A 女孩还在做她的公交车售票员，B 女孩却自己买了车和房，成为了一个小有名气的小老板！

A 女孩被困难击倒了，选择了放弃，结果她也放弃了一个美好的前途；遇到困难就想逃避、放弃的习惯，让她的生活变得平庸。轻易放弃，是导致人生失败的最常见的原因，一个人如果无法改掉遭遇一时不如意就撤退的习惯，那她就只能与成功擦肩而过。

淘金之风正炽时，阿迪的伯父也迷上了"淘金热"，于是只身跑到西部去挖金矿，以实现他的发财梦。他从来也没有听说过"有史以来从土里挖出金矿，从来都没有从思想中挖得的财富"这句话，就认领了一块土地，拿着铁锹和十字镐开始动手挖掘。

苦干了好几个星期之后，他总算发现了亮晃晃的金砂，颇有收获。可是他没有机器把矿砂弄上地面，便不声不响地离了矿，回到他的家乡马里兰州的威廉斯堡，把他走运的发现告诉了亲友。大家凑足了钱买机器，并把机器寄去矿场。阿迪也跟着伯父去挖矿。

挖出来的第一车矿砂送到冶金厂提炼。结果证明他们挖到的，是科罗拉多最丰富的矿藏之一。再多挖上几车的矿石，他们就可以清偿债务了。

挖金的矿钻不断往下延伸，送上来的，是阿迪和伯父的希望。然而，这时情况不妙，因为矿脉突然间消失，矿藏已不再，他们仿佛到了山穷水尽的尽头。他们不停地钻，拼死拼活想重新找到矿脉，结果徒劳无功。最终，他们不得不就此罢休。

他们把器材仅以数百元的价格卖给了一位旧货商，然后搭火车回家。这位旧货商邀请了一位开矿工程师去看矿坑，做实地的地质测量。结果发现，原来计划之所以会失败，是因为矿主不熟悉"断层线"所致。据工程师的推断，矿脉就在阿迪歇手处的下方三英尺。结果矿脉果真就不偏不倚地在地下三英尺处。

141

在成功的路上，相当一部分人都被一种坏习惯所控制，他们随时准备好抽身后退，弃目标于不顾，一碰到反对信号或坏机运，就半途而废，他们永远也得不到他们梦寐以求的成功，阿迪和他的伯父就是这种习惯的牺牲品。后来阿迪成为了一名寿险销售员，他彻底改掉了轻易放弃的习惯。遇到拒绝时，他总要提醒自己："只差三英尺就要挖到黄金了，我绝不放弃!"阿迪因为锲而不舍的精神而受益无穷，他后来跻身于年收入逾百万美元的精英之列。

也许你很喜欢吃"肯德基"，那么你是否知道肯德基的创办经过呢?

肯德基的创办人桑德斯上校65岁时，才开始从事这个事业。那么是什么原因使他终于拿出行动来呢?因为他身无分文且孑然一身，当他拿到生平第一张救济金支票时，金额只有105美元，内心极度沮丧。他不怪这个社会，也未写信去骂国会，而是心平气和地自问："到底我对人们能做出何种贡献呢?我有什么可以回馈社会的呢?"随之，他便思量起自己的所有，试图找出可为之处。

头一个浮上他心头的答案是："很好，我拥有一个人人都曾喜欢的炸鸡秘方，不知道餐馆要不要?我这么做是否划算?"随即他又想到："我真是笨得可以，卖掉这个秘方所赚的钱还不够我付房租呢!如果餐馆生意因此提升的话，那又该如何呢?如果上门的顾客增加，且指名要点用炸鸡，或许餐馆会让我从其中抽成也说不定。"

好点子固然人人都会有，但桑德斯上校跟大多数人不一样，他不但会想，而且还知道怎样付诸行动。随之，他便开始挨家挨户地敲门，把想法告诉每家餐馆："我有一个上好的炸鸡秘方，如果你能采用，相信生意一定能够提升，而我希望能从增加的营业额里抽成。"

很多人都当面嘲笑他："得了吧，老家伙，若是有这么好的秘方，你干吗还穿着这么可笑的白色服装？"这些话是否让桑德斯上校打退堂鼓呢？丝毫没有，因为他还拥有天字第一号的成功秘诀，我们称其为"能力法则"，意思是不懈地拿出行动：无论你遭受了什么样的失败，都不能放弃，你只能从中学习，找出下次能做得更好的方法。桑德斯上校确实奉行了这条法则，从不为前一家餐馆的拒绝而懊恼，反倒用心修正说辞，以更有效的方法去说服下一家餐馆。

桑德斯上校的点子最终被接受，你可知先前被拒绝了多少次吗？整整1009次之后，他才听到第一声"同意"。在过去两年时间里，他驾着自己那辆又旧又破的老爷车，足迹遍及美国每一个角落。困了就和衣睡在后座，醒来逢人便诉说他那些点子。他为人示范所炸的鸡肉，经常就是果腹的餐点，往往匆匆便解决了一顿。历经1009次的拒绝，整整两年的时间，有多少人还能够锲而不舍地继续下去呢？真是少之又少了，也无怪乎世上只有一位桑德斯上校。我们相信很难有几个人能受得了20次的拒绝，更别说100次或是1000次的拒绝。然而这也就是成功者的可贵之处。

很多人都说自己为了成功，付出了许多努力，尝试了很多次，可就是不见成效，他们所说的很多次，可能只不过是三次或五次，但因为不见成效，结果就放弃了再尝试的念头。你应该知道，每个成功前面都有很多不如意，你只有一个个地战胜它们，才能够达成自己的心愿。

如果你轻易在困难面前认输、退却，那你就什么事也做不成了，你的潜力也会受到限制，所以要不断地努力，凭毅力与韧性去追求所期望的目标，战胜这种不良的习惯，无论如何也不要在中途放弃希望。

做事风风火火必须改

人们都说老张做起事来风风火火，这不，星期天老张家的水龙头坏了，因为孩子们都不在家，老张连一秒钟都不耽误，就冲出去找水电工修理。他心急火燎地骑车沿着马路一家一家地找水电修理铺，没想到路口发生了车祸，连人带车把路口堵得水泄不通，老张满头大汗，20分钟后才挤过去。好不容易在拐角处找到了一间修理铺，偏偏老板脚扭伤了不能出门，老张只好又跳上自行车，沿路找另外一家。两个小时后，老张气喘吁吁地带着水电工回到家里，没想到水龙头早已修好了，老伴正在悠闲地看电视呢。原来老伴等了一会儿，不见老张回来，就向邻居咨询了一下，邻居给推荐了一个水电工，一个电话就过来给修好了。老伴叹着气说："你这个习惯真得改改，遇到事儿想都不想就乱干一通，结果自己累得够呛，事也没办好！"

老张遇事不拖延、积极行动的做法是值得肯定的，但他想到就做，不给自己留一分钟考虑的时间，却让人不敢恭维。如果他稍微考虑一下，就可以很轻松地打个电话或问问邻居找到水电工，但他却想都不想地冲出去，费了不少力气、浪费了很多时间。想到就做的危害不仅如此，有的时候，它还会给你造成难以挽回的损失。

有一个父亲过世之后，只留给儿子一幅古画，儿子看了十分失望，正要把画束之高阁，突然觉得画的卷轴似乎异常的重，他撕开一角，惊奇地发现不少金块藏在其间，于是立刻把画撕破，取出了金子。然后他又看到卷轴中藏有一张字条，指出该画是古代名家所绘的无价之宝。可惜画已经在他的冲动之下撕得破碎不堪了。

很多人都把"做了再说"当作行动的座右铭，这个做法让你在行动时很潇洒，行动之后却要饱尝悔恨、无奈之苦。比如故事中这个儿子，便因为没有给自己留思考时间，急于行动而失去了大利。

很久以前，在穆拉加旺住着一个领主。领主有一个老婆和一个儿子，他的儿子还小，躺在摇篮里，每天得有人照看。他还有一条狗，这是一条忠心耿耿的大狗，这条狗勇敢倔强，打起架来不置对方于死地不肯罢休。

一天，领主的老婆上教堂去做礼拜，领主在给马厩里的马喂草。忽然传来了一阵号角声。随后他看见一匹牡鹿从大门口穿过，一群猎人和狗在后面追它。猎人们骑着马，狗奔跑着。

"我得和他们一道去追，"领主自言自语地说，"我是这块土地的主人，这匹牡鹿有我一份。"

那条狗照例总是跟他走的，可这回主人指了指睡在摇篮里的孩子，它就乖乖地蹲伏在摇篮的一边了。

领主走后不久，一只狼从门外走进来，直朝摇篮跑去，想吃掉这孩子。狗一下子站起来，竖起背上的毛，一眨眼工夫，它已经和狼扭打起来了。

这是头很厉害的狼，它正值壮年，爪牙锋利。两个天生的冤家用牙齿撕，爪子抓，直打得口角流血，血肉模糊。它们从房间的这一头打到那一头，撞翻了摇篮，把血溅在毯子上。尽管它们又是吼又是叫，尽管它们把桌椅撞得东倒西歪，孩子却始终安安静静地躺着。他睡着了，一点儿也没受到惊吓。那狼根本就没有机会接近他。

最后狗把狼逼到了房间尽头的一个角落里，狼的嚎叫声低了下来，变成了喘息声，吼叫声变成了嘶哑的吁吁声，已无力挣扎了。狗立即使出了最后的力气，咬断了狼的喉咙。

过了一会儿，打到猎物的领主兴高采烈地回来了。狗听见院子里主人的脚步声，挣扎着站起来，跑去迎接主人。狗摇着尾巴要舔主人的手，可主人闻到的是狗满嘴的血腥味，看到的是血迹斑斑的狗腿和尽是血迹的地板，以及倒扣在地板上的摇篮。孩子呢？哪儿也看不见，领主大吃一惊，悲怒交加。

"畜牲！"领主一边高骂着，一边拔出剑。他愤怒得几乎要发狂了，以为这狗吃了他的孩子。领主一剑刺穿了狗的身子，狗倒地死了。狗刚刚断气，领主听见摇篮底下一声孩子的哭叫。他急忙奔过去，扶正摇篮，他的孩子平平安安地躺在里面，吸吮着自己的大拇指呢。

就在领主把孩子往怀里抱的时候，他发现躺在远处屋角里的那只死狼。领主十分悲伤，心如刀割。他捶胸顿足，懊悔万分。

146

可是狗已经死了，再也无法喘息了。

后来悔恨不已的领主让当地的诗人把他的鲁莽行为编成一个故事，还选了一块很好的墓地，像埋葬英雄那样埋葬了他的狗。后来，人们形容那些鲁莽行事而又事后懊悔的人说："他可怜得就像那个杀了狗的人。"

这个领主看到了血不去辨别一下是谁的血，就错杀了一条忠诚的猎狗，等到后悔已经太晚了。生活中，很多人也像领主一样想到就做，结果也常因为行事太鲁莽而犯了不少错误，如果他们能在行动之前给自己一分钟思考时间，事情的结果可能就完全不同。

人生有很多选择，都是在想到就做的情况下出错的，因此，在行动前给自己一点时间做最后的检查、比较和判断，也许你会发现新的盲点。

行动比思维快，往往将导致一团混乱，而愚蠢的行为也大多是在想到就做的习惯下产生的。你应该明白，一旦你做出实际行动，那么事情就很难挽回了，所以行动之前还是多思考一下，免得后悔。

直来直去会为你添麻烦

大赵下岗后一直找不到工作，有一天，他在报纸上看到了一则招聘广告：一家报社招聘编辑、记者，而且只问才能，不问学历！看到这个广告后，大赵乐坏了，因为他虽然只有高中文凭，但却十分热爱写作，曾发表过十万余字的各种体裁的作品。于是大赵满怀信心地去报了名，但几天也没得到面试通知，打电话一问，人家说是学历太低。这下可把大赵气坏了，大赵发誓非进这家报社不可。从那以后，大赵开始大量向那家报社投稿，丝毫不计较稿费的高低。由于这家报社开了不少副刊，大赵悉心加以研究后，专门为他们量身定做，所以他的作品几乎篇篇被采用，甚至还创造过这样的"奇迹"：有一次，该报的副刊总共只有7篇稿子，其中3篇是大赵的"大作"，只是署名不一样。于是大赵的作品被这家报社的编辑竞相争抢，常常是刚应付完文学版的差事，杂文版的差事又来了。有时候他的创作速度稍慢一点，那些编辑就会心急火燎地打电话催稿。一段时间后，那家报社给大赵打来了电话：如果他愿意，现在就可以去上班。

大赵直接去应聘时，受到了冷遇；他兜了个圈子后，报社反而主动来请他。这是什么道理呢？欲速则不达，直来直去的行动习惯常常会让你碰壁，迂回前进反而会让你更快达到目的。

人们曾做过这样一个试验：把一只蝴蝶放飞在一个房间里，它会拼命地飞向玻璃窗，但每次都碰到玻璃上，在上面挣扎好久恢复神志后，它会在房间里绕上一圈，然后仍然朝玻璃窗上飞去，当然，它还是碰壁而回。

其实，旁边的门是开着的，只因那边看起来没有这边亮，所以蝴蝶根本就不会朝门那儿飞。追求光明是多数生物的天性。它们不管遭受怎样的失败或挫折，总还是坚决地寻求光明的方向。而当我们看见碰壁而回的蝴蝶的时候，应该从中悟出这样一个道理：有时，我们为了达到目的，选择一个看来较为遥远、较为无望的方向反而会更快地如愿以偿；否则会永远在尝试与失败之间兜圈子。

有一位留学法国的计算机博士，毕业后在法国找工作，结果连连碰壁，许多家公司都将这位博士拒之门外。这样高的学历、这样吃香的专业，为什么找不到一份工作呢？万般无奈之下，这位博士决定换一种方法试试。

他收起了所有的学位证明，以最低的身份去求职。不久他就被一家电脑公司录用，做一名最基层的程序录入员。这是一份稍有学历的人都不愿干的工作，而这位博士却干得兢兢业业、一丝不苟。没过多久，他的上司就发现了他的出众才华：他居然能看出程序中的错误，这绝非一般录入人员所能比的。这时他亮出了自己的学士证明，老板于是给他调换了一个与本科毕业生对口的工作。过了一段时间，老板又发现他在新的岗位上游刃而余，还能提出不少有价值的建议，这比一般大学生高明，这时他才亮出自己的硕士身份，老板又提升了他。

有了前两次的经验，老板也比较注意观察他，发现他比硕士有水平，对专业知识的广度与深度都非常人可及，就再次找他谈话。这时他才拿出博士学位证明，并叙述了自己这样做的原因。此时老板才恍然大悟，并毫不犹豫地重用了他，因为老板对他的学识、能力和敬业精神早已了解了。

与这位博士相反，许多年轻人初入社会时，往往把自己的一堆头衔、底牌全部亮出来，夸耀自己，结果或者让别人反感而难以与人合作，或者招来很高的期望值结果却让人失望，稍有失误便难以翻身。

直来直去会给我们带来很多麻烦，转弯抹角却能避开障碍，让我们走得更顺利。看来，有时候转弯抹角并不是在耽误时间、浪费精力，而是为了让我们更好地前进。在现实生活中，人们无论做什么都习惯于直来直去，结果费了不少力气，却没见到什么成效，如果他们能学会兜个圈子的话，那么行动起来就会更顺利。

直来直去的行动习惯，给我们添了不少麻烦，我们常常因此而碰壁，甚至走入死胡同，如果能转个弯、兜个圈，我们反而会更快地走向成功。

该出手时就出手

李某常常和朋友感叹："我这一辈子，要不是胆太小，早就出息了！"说来也真是可惜，20 世纪 90 年代初，李某三十来岁，正处在人生的黄金岁月里。李某的一个老同学雄心勃勃地来找李某和他一起去深圳"淘金"。去不去呢？李某考虑再三，拒绝了老同学的提议：自己的工作虽然枯燥无味，但毕竟是铁饭碗呀！凡事还是求稳比较好。老同学却果断地辞了职，潇潇洒洒地直奔特区，听说现在已经是一个身价千万的大老板了。令李某痛悔的事还不只这一件：8 年前，李某所在的钢铁集团准备改组上市，并允许职工优先认股，每股作价 38 元，按规定李某可以认购 500股，然而李某凡事求稳的习惯使他又把这个机会放过了，他认为股票一跌就会变成废纸，还是别拿钱冒险的好，于是他把自己的认股权以 1000 元的价格卖给了同事。没想到，公司一上市，股价节节高升，一个月之内，股票竟然涨了 10 倍，看着同事们一个个喜气洋洋，李某后悔得大病了一场。像这样的事儿还有不少，所以李某有句口头禅就是："我这一辈子，就毁在胆儿太小了！"

凡事求稳的习惯，使李某错失了一次次良机，只能一辈子生活在悔恨里。其实每个人都应该有敢于冒险、马上行动的胆略，如果太过于求稳的话，那就会一事无成。

汉明帝时，班超奉命带 36 人去西域鄯善国，谋求建立友好邦交关系。

刚到该国，鄯善国王对汉朝使团十分恭敬殷勤，但几天后，态度突然变了，且变得越来越冷漠。班超警觉起来，派人打听，原来是匈奴的一个 130 多人的使团正在暗中加紧活动，向鄯善国王施压，欲把鄯善国拉向北方。

形势十分严峻。班超对大家说：

"现在匈奴使团才来几天，鄯善国就对我们逐渐疏远了，倘若再过几天，匈奴把他彻底拉过去，说不定会把我们抓起来送给匈奴讨好。到那时，我们不但完不成使命，恐怕连性命都难保！怎么办？"

"生死关头，一切全听您的。"随从们态度坚定，但也表示出担心，"我们毕竟只有 36 人，我们能怎么办呢？"

班超斩钉截铁地说：

"不入虎穴，焉得虎子。今天夜里就行动，以迅雷不及掩耳之势，一举消灭匈奴使团！唯有如此，才有可能使鄯善国王诚心归顺我们汉朝。"

151

当天深夜，班超带领 36 个人，借着夜色掩护，悄悄摸到匈奴人驻地，对 130 多人的匈奴使团、几倍于自己的对手，毅然发动了袭击，并一举歼灭了他们。

第二天早晨，班超捧着匈奴使者的头去见鄯善国王，国王大惊失色。

匈奴使者被杀，鄯善国王同意和汉朝永久友好。

该出手时就出手，不要被恶劣事物唬住，战胜"恶魔"首先要战胜自己！

很多时候，看似最危险之处，也许就是最安全之处；看似最强大之处，也许偏偏是最薄弱之处。如果总是求稳的话，你就会错过这些机会，冒点风险去行动，却可能产生不一样的结局。

无论在事业或生活的任何方面，我们可能都需要适当地冒点险。当然，在冒险之前，我们必须清楚地认识那是一种什么样的冒险，必须认真地权衡得失。要注意的是，冒险不是盲目草率的行为，不是瞎闯、蛮干，不是随心所欲，而是有目标、有计划的果断行动。

如果你总是抱着凡事求稳的习惯不放，那么你的日子就会像一潭死水，永远无法激起波澜，因此永远无法获得成功。所以，必要的时候，还是要冒一点险，该出手的时候不出手，机会就从你身边溜走。

第五章

摆正思路

——蛛丝马迹巧辨对手的弱点

　　尽管你很想马上将这个"头号对手"消灭，但你绝不能让自己的心理只有仇恨。如果你将这个对手的形象随着憎恨不断膨胀，那反而是在助长其"罪恶"的气焰。所以，如果你真的想彻底战胜它，就要学会无视它的存在，以一种必胜心态，迎接它彻底败落的那一天。

不知变通

　　李明是个开朗活跃的大男孩，毕业后，当上了公务员，被分配到某社区工作。这份工作令他失望极了，因为社区办公室一片死气沉沉，这里年龄最小的女性28岁，刚休完产假回来。男性工作人员就更不用说了，他的顶头上司33岁，是除了他之外最年轻的了。在开始的几天，他还想通过自己的努力把办公室的气氛弄得活跃点，但很快他就发现这太难了，他的话题没人感兴趣，他讲的笑话别人都觉得很"冷"，有几次他嗓门大了点时，50多岁的老主任特意告诉他，"上班要有上班的样子！"他觉得自己实在不适合这份工作。妈妈知道他的苦恼后，开导他说："改变工作气氛的心愿是好的，可如果实在办不到你也不能死钻牛角尖，在社会上处世就是这样，无法改变的就要学会适应！"李明按照妈妈的话做了一段时间，情况果然好多了！他慢慢适应了社区的工作方式，他的能力也得到了领导的认可。

　　当李明死钻牛角尖时，他对工作提不起兴趣，认为同事面目可憎，但当他改变了不知变通的习惯时，他却完全适应了自己的工作。很多时候，影响我们成功的并不是事情本身，而是我们面对障碍不知变通的习惯。我们应该明白，是我们要去适应社会，而不是让社会来适应我们。

在某城镇的一条街上，住着两户人家。一家是富裕的商人，一家是鞣皮匠。

富人家的屋子非常气派，高高的屋檐，雕花的门窗，宽宽的走廊用圆圆的柱子支撑着，夏天坐在走廊上，微风吹来，特别清爽。

鞣皮匠家的房子可差远了，低低矮矮的不说，窗子小得只能进一只猫，门低得人要低着头、弯着腰才能进去。

富人有那样的好房子，但他10分钟也不敢在走廊上坐，因为，他实在无法忍受鞣皮匠家里飘过来的难闻的气味。

鞣皮匠整天都要干活，于是，一张又一张的驴皮、马皮、猪皮、狗皮……都运到他家。他操起刀，一张一张地刮，然后用配好的料一张一张地鞣。

脏水像小河一样从鞣皮匠家的屋子里流出。无论谁走过那里都要紧紧地捂住鼻子，如果捂得不严，就会被熏得呕吐。

富人在这种臭气中过日子，真是难受死了。于是，他多次来到鞣皮匠的家里，对他说：

"喂，你无论如何也不能再这样干下去了，如果你不尽快搬家，我总有一天要死在这里。我这里有一个金币，你拿上它快点搬家吧！"

鞣皮匠知道，无论到哪里人们都不会欢迎他的，于是，他对富人说：

"老爷，我不要你的金币，不过请你放心，我已经找好了房子，要不了几天我就会搬走，请你放心好了。"

一天过去了，两天过去了。每当富人来催，鞣皮匠都是这几

155

句话。

随着时光的流逝，鞣皮匠家的这股臭味仿佛变了，因为富人来催他搬家的次数越来越少了。

后来鞣皮匠竟发现，富人每天坐在走廊上，又是喝酒，又是吃肉，再也不让鞣皮匠为难了。

富人的变化使鞣皮匠十分纳闷。有一天，鞣皮匠见到了富人，问他道：

"老爷，现在我们这条街有什么变化吗？"

富人说："没有啊，我觉得在这里住十分舒服。"

原来富人已经适应这种味道了。入兰之室，久而不闻其香；入鲍鱼之肆，久而不闻其臭。一个不知变通、没有适应能力的人是很难在社会上立足的。如果遇到令自己不满意的情况那就要努力去改变，但如果实在改变不了的话，那就只能像这个富人一样去适应了。

在美国有一所非常著名的高等学府，它的名字几乎为全世界所知晓，它的入学考试需要平均90分以上的成绩，它一门课的学费，相当于一个普通家庭一个月的开销，它的学生常穿着印有校名的 T 恤在街上随处可见……

但是，这个学校有着严重的困扰，因为它紧邻一个治安极坏的贫民区，学校的玻璃经常被顽童打破，学生的车子总是失窃，学生在晚上被抢劫，女学生甚至遭到被强暴的命运。

"这些人太可恶了！不配和我们这么伟大的学校为邻。"董事会议愤怒地一致通过，"把那些不上路的邻居赶走！"方法很简单——以学校雄厚的财力把贫民区的土地和房屋全部买下来，改为校园。

于是校园变大了。但是问题不但没有解决，反而变得更严重，因为那些贫民虽然搬走，却只是向外移，隔着青青的草地，学校又与新贫民区相接。加上扩大的校园又难于管理，治安更糟了。

董事会这下可真不知怎么办了，请来当地的警官共谋对策。

"当我们与邻居相处不来时，最好的方法不是把邻人赶走，更不是将自己封闭，反而应该试着去了解、沟通，进而影响、教育他们。"警官说。

校董们相顾无言，哑然失笑，他们发现身为世界最著名学府的董事，竟然忘记了教育的功能。

他们设立了平民补习班，送研究生去贫民区调查探访，捐赠教育器材给邻近的中小学，并辅导就业，更开辟部分校园为运动场，供青少年们使用。

没有几年，这所学校的治安环境已经大大地改善，而那邻近的贫民区，更眼看着步入了小康。

置身于一个不好的环境，光是靠抱怨是改变不了的。要么你就去改变它，要么你就去适应它——除此之外，别无选择。处世不能死钻牛角尖，不知变通的习惯会给你的生活、工作带来极其不利的影响。怨天尤人是没有用的，对无力去改变的事我们只能努力去适应。

处世是一门灵活机变的学问，不知变通的习惯只会限制处世的灵活性。所以，我们一定要克服这个坏习惯，改变你所能改变的，适应你不能改变的。

不肯吃亏

　　一位胖大嫂在公交车上为了抢座和一个小姐吵了起来，"眼睛瞎了吗？这个位置是我先看到的！"年轻小姐一点也不让步，"你先看到的？看到有什么了不起了！谁先抢到了就算谁的！"胖大嫂一听更来气了，"抢？亏你打扮成这样，说话却这么没素质！不知礼的女人，我看你以后怎么嫁得出去！"听到这话，那位小姐急了，站起来就推了胖大嫂一把，车上的乘客一看动手了，连忙上来劝解。可这位胖大嫂外号就叫"不吃亏"，被人给推了一下怎能不还手，于是冲上去和那位小姐对打了起来……回家后，丈夫吃惊地看着胖大嫂蓬乱的头发和脖子上的伤痕，问："这是怎么了？"胖大嫂往沙发上一坐，得意地说："在公交车上和个臭女人打起来了！不过我可没吃亏，那个女人的脸都被我抓花了，看她明天怎么上班！"说完一摸脖子，突然惊叫了起来，"项链？我的项链哪儿去了！"她的项链不知什么时候被拽掉了，那可是两千多块钱买的呀！胖大嫂号啕大哭，不肯吃亏的她还是吃亏了！

　　这位胖大嫂自诩"不吃亏"，一定要处处占人家便宜才甘心，但到最后却吃了大亏。可以说，生活中绝大多数的人都有这种不肯吃亏的习惯，无论做什么都要先权衡一下得失，有便宜就往上冲，可能吃亏的话就躲得远远的。然而事实证明，不肯吃亏的人往往会吃亏，而敢于吃亏的人却有意外的收获。

战国时，梁国与楚国相邻。两国一向有敌意，在边境上各设界亭。两边的亭卒在各自的地界里都种了西瓜。梁国的亭卒勤劳，锄草浇水，瓜秧长势很好；楚国的亭卒懒惰，不锄不浇，瓜秧又瘦又弱。

人比人，气死人。看着对面梁国的瓜地，楚亭的人觉得失了面子，在一天晚上，乘月黑风高，偷跑过去把梁亭的瓜秧全都扯断。梁亭的人第二天发现后，非常气愤，报告给县令宋就，说："我们要以牙还牙，也过去把他们的瓜秧扯断！"

宋就说："楚亭的人这种行为当然不对。别人做得不对我们也不能因此就跟着学，那样太小气了。你们照我的吩咐去做，从今天开始，每晚上去给他们的瓜秧浇水，让他们的瓜秧也长得好。而且，这样做一定不要让他们知道。"

梁亭的人听后觉得有理，就照办了。

楚亭的人发现自己的瓜秧长势一天比一天好起来，仔细观察，发现每晚梁亭的人都悄悄过来替他们浇水。

楚国的县令听到亭卒的报告，感到十分惭愧又十分敬佩，于是上报楚王。楚王深感梁国人修睦边邻的诚心，特备重礼送给梁王以示歉意。结果这一对敌国成了友好邻邦。生活中，人们如果愿意吃些小亏，那么以后也必会有大收获。

就拿邻居相处这个我们常常遇到的事来说，人与人之间没成见、彼此和睦的时候，鸡毛蒜皮的小事，大家一笑了之。而一旦有了成见之后，言者无心听者有意，就会风声鹤唳、草木皆兵。

对方关门重了，咳嗽的声音大了，洗衣服的水流过来了，往往都是惹你生气的根源，因为你会把这些事统统看作是故意的。

邻居相处，小小的误会在所难免，但千万别凭一时意气，大吵大闹。争吵一旦开始，以后就处处都是吵架的资料，结果就会闹得鸡犬不宁，成为生活上的一大威胁。遇事忍一口气，大事化小，小事化了。忍耐一时并不难，而且以后的好处是无穷的。

如果邻里之间互相谦让，都舍得吃点小亏，维持了和睦的生活氛围，又何乐而不为呢？在工作中，也应该学会吃点亏。

有一个年轻人大学刚毕业就进入出版社做编辑，他的文笔很好，但更可贵的是他的工作态度。

那时出版社正在进行一套丛书的编辑，每个人都很忙，但老板没有增加人手的打算，于是编辑部的人也被派到发行部、业务部帮忙，但整个编辑部只有那个年轻人接受老板的指派，其他的人都是去一两次就抗议了。

他说："吃亏就是占便宜嘛！"

事实上也看不出他有什么便宜可占，因为他要帮忙包书、送书，像个苦力一样！

他真是个可随意指挥的员工，后来又去业务部，参与直销的工作。此外，取稿、跑印刷厂、邮寄……只要开口要求，他都乐意帮忙！

"反正吃亏就是占便宜嘛！"他这么说。

两年过后，他自己成立了一家出版公司，做得还不错。

原来他是在吃亏的时候，把出版社的编辑、发行、直销等工作都摸熟了。

现在，他仍然抱着这样的态度做事。对作者，他用吃亏来换取作者的信任；对员工，他用吃亏来换取他们的积极性；对印刷厂，他用吃亏来换取品质……

吃亏就是福！尤其是年轻人更应该记住这一点，这是你积累工作经验，提高自己做事能力，扩大人际关系的最好办法。

一个人只要愿意吃小亏，敢于吃小亏，不去事事占便宜、讨好处，日后必有大收获，也必成"正果"。相反，那些习惯于处处占便宜的人、不愿吃亏的人，到头来反而会吃大亏。

不肯吃亏就是在拒绝机会，一个人如果养成了这样的习惯，他的路就会越走越窄。因此生活中，我们不能事事争强，处处占上风，试着去吃些小亏，这样才能把主动权握在自己手中。

装糊涂

不大不小的官是最难当的，对此李科长深有体会：下属常常给你点气受，上司又时不时交代些"不可能的任务"，要在这夹缝中生存还真不容易，幸好李科长有一样法宝：揣着明白装糊涂。一天，副局长给李科长打了个电话："老李呀！有件事想请你帮个忙。我的侄子现在在家没工作，听说二小缺老师，我这侄子教小学还是没问题的，你看看能不能帮着办理一下？"李科长是知道副局长侄子的，那是一个小混混，家里花钱送他上了大学，可还没毕业就被劝退了。即使他水平够，这样做也不符合政策，可副局长拜托的事又不能一口回绝。该怎么办呢！李科长思考了一下痛快地回答："行啊！我听说令侄是大学毕业，只要条件符合事情就好办，我跟二小校长打声招呼，您把令侄的履历、毕业证准备好送过去就行了，这是符合政策的事，我不过是做个顺水人情！"他明知副局长的侄子没毕业，却装作不知道，嘴里左一个毕业证，右一个条件符合的，弄得副局长有点不知所措，他嗫嚅了几句，然后说："这事不着急，我还没和他商量呢！谁知他愿不愿意当老师！"副局长挂上了电话，以后再也没跟李科长提过给侄子找工作的事！

生活中，很多人都表现得精明过人，这种习惯对于处世来说反而经常被动，如果你能够把自己的聪明藏起来，表现得糊涂一点，那么无论遇到怎样复杂的情况你都可以轻松应付。

第二次世界大战中，美国小罗奇福特领导的一个小组，中途岛之战前成功地破译了日本人的密码，得到了日军海上作战部署的确切情报，并有针对性地进行了作战准备。

谁知，就在这个节骨眼上，嗅觉灵敏的美国一新闻记者得到了这一绝密情报，竟然不知天高地厚作为独家新闻在芝加哥一家报纸上给捅了出来。这样一来，随时都可能引起日本人的警觉而更换密码和调整作战部署。

发生了如此严重泄露国家战时情报的事件，作为美国战时总统的罗斯福却对此置若罔闻，既没有责成追查，也没有兴师问罪，更没有因此而调整军事部署，而是装作一概不知的糊涂样子。结果事情很快就烟消云散了，就像什么事也没发生一样，根本没有引起日本情报部门的重视。在中途岛战役中，美军靠"糊涂"得胜。所以，处世时还是学学装糊涂比较好，一个人如果表现得过于精明，那么必将一事无成，许多时候装糊涂，往往比过于敏感更有利。

装糊涂，当然这是针对小事情。如果一切皆明白于心，恐怕会心生烦乱，干扰工作。其实，巧妙地装糊涂是一种真聪明，显示出智慧，不但给各种烦杂的事情涂上润滑油，使得其顺利运转，也能在生活中充满笑声，显得轻松愉快；相反，老实认真只会导致木呆刻板，甚至使事情陷入僵局。

盛气凌人

高哲是个非常有才华的年轻人，因此总是一副盛气凌人的样子。他在大学时的一个好友曾经对他说："我们都知道你才华出众，可是也不用总表现得那么咄咄逼人吧！作为多年的朋友我劝你一句：不要盛气凌人！"他为朋友的评价而感到恼火，并认为朋友这么说是因为忌妒。毕业后，他进入一家大公司，当上了系统软件工程师，他确实是才华过人，仅仅3个多月的时间就开发出一种新型软件，使公司在语音邮件开发项目上取得重大突破。从此以后，高哲更得意、更加盛气凌人了，什么事他都要管一管，事事都要争先。半年下来，除了老板外，公司上下没有一个不讨厌他的。渐渐地，同事们开始联手抵制他；开会没人通知他，他的个人物品有时会无缘无故损坏，到处都是关于他的流言蜚语，没人愿意跟他合作……又过了几个月，高哲主动辞职了。

一个人如果始终改不了盛气凌人的习惯的话，那么无论他有多高的才华，他也无法找到属于自己的位置。一个人自恃才能过人，总是表现得咄咄逼人的话，就会给对手带来压力和不快，对手就会把你视为眼中钉、肉中刺，不择手段地对你施以明枪暗箭。所以，如果想成大事，你就必须甩掉盛气凌人的习惯。

春秋时期庄公准备伐许。战前，他先在国都组织比赛，挑选先行官。众将一听露脸立功的机会来了，都跃跃欲试，准备一显身手。

第一个项目是比剑格斗。众将都使出浑身解数，只见短剑飞舞，盾牌晃动，争斗不休。经过轮番比试，选出了六个人来，参加下一轮比赛。

第二个项目是比箭，取胜的六名将领各射三箭以射中靶心者为胜。有的射中靶边，有的射中靶心，第五位上来射箭的是公孙子都。他武艺高强，年轻气盛，向来不把别人放在眼里。只见他拈弓搭箭，三箭连中靶心。他昂着头，瞟了最后那位射手一眼，退下去了。

最后那位射手是个老人，胡子有点花白，他叫颍考叔，曾劝庄公与母亲和解，庄公很看重他。颍考叔上前，不慌不忙，"嗖嗖嗖"三箭射出，也连中靶心，与公孙子都射了个平手。

只剩下两个人了，庄公派人拉出一辆战车来，说："你们二人站在百步开外，同时来抢这部战车。谁抢到手，谁就是先行官。"公孙子都轻蔑地看了一眼对手。哪知跑了一半时，公孙子都脚下一滑，跌了个跟头。等爬起来时，颖考叔已抢车在手。公孙子都不服气，拔腿就来夺车。颖考叔一看，忙驾车而去。于是庄公忙宣布颖考叔为先行官。公孙子都怀恨在心。

颖考叔不负庄公之望，在进攻许国都城时，手举大旗率先从云梯上冲上许都城头。眼见颖考叔大功告成，公孙子都忌妒得心里发慌，竟抽出箭来，搭弓瞄准向城头上的颖考叔射去，一下子把颖考叔射了个"透心凉"，从城头栽了下来。

在这个故事中，悲剧的发生也许应归罪于公孙子都忌妒之心太强。但颖考叔的锋芒太盛、傲气争功也是一方面。作为一个已有功在身的老臣，他其实没有必要再去和年轻的将领争功了，但他总想立功求赏，结果被一支暗箭伤了性命，可悲可叹。

一个人，尤其是一个有才华、有前程的人，要做到心高气不傲，既能有效地保护自己，又能充分发挥自己的才华，就要战胜盲目自大、盛气凌人的习惯，凡事不要太张狂、太咄咄逼人，并且还应当养成谦虚让人的美德。这不仅是有修养的表现，也是生存发展的策略。18世纪，在美国阿肯色州有一家银行，因为服务等各方面都做得比较好，吸引了一大批储户，投资回报率达到了37%。这个老板就以此自傲，扬言3年内要把储户再翻一番，并嘲笑其他银行没有竞争力，早晚要破产。他的不可一世惹来了很多同行的愤怒，其中有几家就联合起来，决心将该银行搞垮。他们筹集了上百万美元资金，让人到该银行开活期存款，大约开了3000多个户头。不到一个星期，这些储户同一时间集体去提款，在该银行大厅排起长龙大阵，同时在外面又大放谣言，说该银行资金发生问题，因此别的储户也恐慌起来，纷纷到该银行提款，结果该银行因无法兑现只好宣告破产。

处世要隐忍，不要一下子展现出你所有的本事，更不要因为有本事而处处表现卖弄，目空一切，不可一世。如果那个银行老板不是表现得太过盛气凌人，又何至于落得个破产的下场。所以，我们千万不要因自己的优势或长处而自觉高人一筹或因此而看不起对手。

处世是一门复杂的学问，你要常常考虑一下别人的感受。不要总把你的傲然之气表现出来。盛气凌人的习惯对你的人生、你的事业显然毫无益处。

不肯低头

张强是学经济的，大学毕业后，分配在省城的一所大学里教书，虽然已在省城安家立业，但每年都要回一次老家。每一次回家，他的心灵就被震撼一次，改革开放这么久了，家乡的山依旧荒芜，乡亲们的生活依旧贫困。

张强决心为家乡闯出一条致富之路。他毅然辞去大学的教职，回到家乡承包了40亩荒地，开始建造他的示范农场。

可是，不到两个月，他就和村干部们发生了冲突。一次，因为干部吃吃喝喝，张强当面提了意见，他坦诚地说："论辈分，你们都是我的叔叔大爷。可群众生活这么苦，干部不应该这样多吃多占。"干部们一愣，多少年了，还没有人敢当面说他们的不是。他们手捏酒盅，小声议论说："这小子，读了几年书，就翘尾巴！"

有一次，因为乡里干部们按亲疏远近划分宅基地，张强找干部评理，又一次得罪了乡里干部。

张强动用自己的全部积蓄，在山上盖起了石屋，开始了农场的建造，可是，他遇到了一连串的麻烦：实施计划需要的炸药，要乡里干部开证明才能购买，他受到了无端的刁难；农场需要资金，他又遭到乡里干部的冷眼……

有人劝张强，为了你的事业，去找干部服软认错，以换得他们的理解和支持，否则你将一事无成。张强口气强硬："做人要有人格，我绝不向卑劣的行为卑躬屈膝。"

张强最终只能无奈地守着空屋，守着他的农场，守着他的人生梦想。

民间有句俗语，人在矮檐下，不得不低头。就是说在力量不如人时，应当主动低头退让，否则就会碰个头破血流。所以，遇到矮檐时，我们一定要主动把头低下去，这也是为了日后能把头抬得更高。

明太祖朱元璋在位时，有一位吏部官员，名叫王朴，曾因直谏，犯了龙颜而被罢官。不久，又被起用做御史，他马上评议当时的时政。在朝廷之上，多次与皇帝争辩是非，不肯屈服。一日，为一事与明太祖争辩得很厉害。太祖一时非常恼怒，命令杀了他。等临刑走到街上，太祖又把他召回来，问："你改变自己的主意了吗？"王朴回答说："陛下不认为我是无用之人，提拔我担任御史，奈何摧残污辱我到这个地步？假如我没有罪，怎么能杀我？有罪何必又让我活下去？我今天只求速死！"朱元璋大怒，催促左右立即执行死刑。

王朴固然是受愚忠的毒害，但也与他心高气傲、不懂处世策略有很大关系。他不懂得弯与折的辩证法——尤其在一言九鼎的皇帝面前，以致毫无价值地送了自己的性命。

所以，只要是在别人的屋檐下，就要低下头，不用别人来提醒，也不用撞到屋檐了才低头。

"人在矮檐下，谁能不低头"，遇到矮檐，我们就要主动地把头低下来，这才是识时务的做法，否则就只能撞个头破血流，对自己毫无益处。低下头，起码有这样几个好处：你很主动地低下了头，不致成为明显的目标；不会因为头抬得太高而把矮檐撞坏。要知道，不管撞坏撞不坏，你总要受伤的，尽管你的头是"铁"的，但老祖宗早就有"伤敌一千，自损八百"的古训。不能因为脖子太酸，忍受不了而离开能够躲风避雨的"屋檐"。离开不是不可以，但是必须考虑要去哪里。

大学生王某是学工科的，毕业后分配在县城工作。他嫌机关太冷清，主动要求到基层工作，以便实现他的抱负——开发山里的矿产资源，造福家乡父老。

王某为改变家乡的面貌四处奔波。人们夸奖王某脑子特别灵活。的确，通过几年的奔波建厂，王某悟通了不少人情世故。大事不违，小事灵活处理。很自然地王某面前的红灯少，绿灯多。他主持的那个乡，乡镇企业产值和利润年年翻番，人均收入也大大提高，人们对他更是赞不绝口。

王某为了不"碰"头，而逐渐养成了适时低头的习惯，坚持着自己的原则和初衷，走出了一条圆通的道路，既实现了自己的价值又为乡亲们办了实事。

低头肯定不会那么舒服，但事到临头该低头时能低头也是处世的一种策略。

适时低头是为了保存自己的力量；走更远的路，是为了把不利的环境转化成对你有利的力量。这是一种柔软，一种权衡，更是高明的处世智慧。所以，我们要战胜宁折不弯的处世习惯，在面对"矮檐"时，一定要主动地把头低下来。

不留余地

李木小时候家里很穷。一天，有个客人到他家，难得的诱人的鱼香，令他垂涎不已。李木当时才 6 岁，还不懂得掩饰自己，他吵着要吃鱼，母亲答应了，但是有个条件：等客人吃饱后方可上桌。

李木不听："等客人吃饱了，鱼不就被他吃光了？"母亲答道："知礼的客人绝对不会将鱼翻过面来吃，另外一面一定还是好好的。不信你去窗边看看……"

李木来到窗边，踮着脚尖往里看，眼睛盯着桌上的那条鱼。

忽然间，客人用筷子把鱼翻了个身……李木失望地跑回厨房，扑进母亲怀里大哭起来。母亲也哭了，她不知该如何安抚李木的心。几十年过去了，李木成了一个大公司的经理，他还是很爱吃鱼，但他总是不轻易把鱼翻身，因为他永远记住了母亲那句话。不仅如此，李木还把这句话应用到了生活中的其他方面，现在他的生活过得非常轻松。

李木是聪明的，他没因那次没有吃到鱼而遗憾，相反地，却明白了一个处世道理：凡事要留有余地。可是，生活中很多人却不明白这个道理，他们习惯于把事做绝，根本不考虑别人，结果他们的得意也不长久。所以，我们无论做什么事都应该给别人留下余地，这样才不至于惹来祸端。

物极必反，一个人如果把事情做得太绝就等于是断了自己的后路。人生祸福难料，风水说不定什么时候就会转到对方那里，给对手留条活路就是给自己留条后路。功与名是曾国藩毕生所执着追求的。他认为，古人称立德、立功、立言为三不朽。为保持自己来之不易的功名富贵，他又事事谨慎，处处谦卑，坚持"花未全开月未满圆"的观点。因为月盈则亏，日中则昃，鲜花完全开放了，便是凋落的征候。因此，他常对家人说，有福不可享尽，有势不可使尽。他称自己"平日最好昔人'花未全开月未满圆'八个字，以为惜福之道、保泰之法"。此外，他"常存冰渊惴惴之心"，为人处世必须常如履薄冰、如临深渊，时时处处谨言慎行，才不致铸成大错，招来大祸。

他始终认为："天地间唯谦谨是载福之道。"他指出："趋事赴公，则当强矫；争名逐利，则当谦退。开创家业，则当强矫；

守成安乐，则当谦退。出与人物应接，则当强矫；人与妻奴享受，则当谦退。若一面建功立业，外享大名，一面求田问舍，内图厚实，二者皆盈满之象，全无谦退之意，则断不能长久。"

晚清红顶商人胡雪岩就深深懂得把事情做绝的害处，做事时他总是习惯于给人留下余地，还曾借此帮助过把兄弟王有龄一次。

王有龄官场得意，身兼湖州府知府、乌程县知县、海运局坐办三职，王有龄在四月下旬接到任官派令，身边左右人等无不劝他，速速赶在五月一日接任。之所以有这等建议，理由很简单：尽早上任，尽早搂到端午节"节敬"。

清代吏制昏暗，红包扣、孝敬贿赂乃是公然为之，蔚为风气。风气所及，冬天有"炭敬"，夏天有"冰敬"，一年三节另外还有额外收入，称为"节敬"。浙江省本来就是江南膏腴之地，而湖州府更是膏腴中的膏腴，各种孝敬自然不在少数，王有龄四月下旬获派为湖州知府，左右手下各路聪明才智之士无不劝他赶快上路，赶在五月一日交接。如此一来，刚上任就能大搂"节敬"。

王有龄就此询问胡雪岩的意见，胡雪岩却说："银钱有用完的一天，朋友交情却是得罪了就没得救了！"他劝王有龄等到端午节之后，再走马上任。

胡雪岩之所以这样建议是从多方面考虑的，王有龄不是湖州第一任知府，在他之前还有前任，别人在湖州府知府衙门混了那么久，就指望着端午"节敬"，王有龄名正言顺可以抢在头里接事，抢前任的"节敬"，当然名正言顺。可是，这么一来，无形

第五章　摆正思路——蛛丝马迹巧辨对手的弱点

中就和前任结下梁子，眼前当然没事，但保不准什么时候就会发作。要是将来在要命关键时刻发作，墙倒众人推，落井猛石下，那可就不值得了。

古语有云："你做初一，我做十五；你吃肉来我喝汤。"这意思是说，好处不能占绝，应留点后路给别人。人总得替人家想想，自己没损失什么，却颇能让别人见情，何乐而不为呢！

张伯伦在担任英首相期间曾再三阻碍丘吉尔进入内阁，他们政见不和，特别是在对外政策上存在很大的分歧。后来张伯伦在对政府的信任投票中惨败，社会舆论赞成丘吉尔领导政府。出人意料的是，丘吉尔在组建政府过程中，坚持让张伯伦担任下院领袖兼枢密院院长。他认识到保守党在下院占绝大多数席位，张伯伦是他们的领袖，在自己对他们进行了多年的批评和严厉的谴责之后，取张伯伦而代之，会令他们许多人感到不愉快。为了国家的最高利益，丘吉尔决定留用张伯伦，以赢得这些人的支持。

后来的事实证明，丘吉尔的决策非常英明。当张伯伦意识到自己的绥靖政策给国家带来巨大灾难时，他并没有利用自己在保守党的领袖地位刁难丘吉尔，而是以反法西斯的大局为重，竭尽全力做好自己分内之事，对丘吉尔起到了极大的配合作用。

三十年河东，三十年河西。一个人不能永远得意，很多时候你不给别人留后路，结果也断送了自己的后路。所以，做事时还是多给别人留点余地，早晚你会从这个习惯中受益。

物极必反，"花未全开月未满圆"才是最好的时候。一个人如果想把自己的好运维持得长长久久，那就要时刻记着给别人留有余地，习惯于把事情做绝的人，是无法取得真正的成功的。

只顾自己

张娜是学广告设计的，毕业后进入了一家 3A 广告公司工作，工资优厚，工作也很有挑战性，张娜非常满意她的新工作。但渐渐地，她的老板和同事对她却越来越不满意了。她的同事抱怨说，张娜做事太奇怪，只顾自己，不管别人。公司在冰箱里给大家准备了加班时的夜宵，每份食品都是固定搭配，虽然没有人规定，但大家都自觉地整份食用，但张娜却不管这些，她总是把各份食品里自己喜欢的挑出来吃。同事曾经指责过她一次，但她却说："我管什么规则不规则，我只能先照顾好自己再说。"还有，有时候几个人都要用一份公共材料，张娜却不管别人急不急，自己先抢过来再说……后来，又发生了一件事，让老板也对她不满。有一次，她为了搞设计，从网上找了很多资料，但她为了图方便就直接从网上引用，没有做标记，也没有下载。等到开会时，老板向她要那些资料，她就让文员按照一条条再去网上找。老板大吃一惊，责问她说："你当时为什么不直接下载下来？"张娜振振有词地回答说："那多麻烦！我也赶时间呀！再说咱们公司不是有文员吗？慢慢找吧，反正这就是她的工作！"老板当时被她气得简直说不出话来，他有那么多员工，但还从来没见过这样只顾着自己的。张娜的这个习惯一直没改，后来又出了几次这

173

样的事，尽管她的设计做得不错，但老板还是让她走人了。

张娜这样的人，走到哪里都不会有人接纳她。因为她习惯以己为先，为了一己之利，为了个人的方便，就不顾别人，以这样的方法来待人处世，在任何地方都是行不通的。

小莉去美国加州州立大学留学，在那里，她很快交上了一个朋友丽莎。有一天，小莉在大学里散步正巧碰上丽莎站在广告栏前发呆，她走上去一问才知道，原来学生会交给她一项任务，在校园里醒目的位置张贴几十张"文化节"海报。学校的标志性的公共场所都有广告栏，所以丽莎很快就贴得七七八八。当她再回到学生会，准备贴最后一批海报时，她发现广告栏已经贴满了。怎么办？

小莉不禁脱口而出："广告栏里有几条东西早过时了，贴上去没什么问题。"丽莎回答："我不确定。"小莉建议丽莎将海报贴在广告栏上，覆盖以前贴的广告。丽莎答："他们会投诉的。"

小莉没有更好的建议，就找了份报纸坐到旁边看。只见丽莎走到 Union 的露天中厅里在四周的木柱子上比画着。个别学生会在那上边贴或钉东西，但很不雅观，柱子也被弄得不干净。丽莎比画了一会儿就走开了。

过了一会儿，丽莎回来了，拿了很多东西。她先用彩色的塑料布将一根根木柱包起来，用透明胶封好口。然后再在塑料布上面贴上海报，她干得一丝不苟，不一会儿，10 根柱子都弄好了，鲜活生动又整整齐齐，既利用了空间又保持了清洁，看起来很有艺术效果，将来取下来也非常方便。

小莉被丽莎的"作品"震动了。她既没有用"学生会"的名义"覆盖"掉个别学生的广告，也没有随随便便去占用公共空间，她不是只想着自己怎么方便，而是在解决自己的问题时也在为别人着想。

一栋居民楼里，汪姓人家和赵姓人家是邻居，汪家是老住户，赵家是两个月前刚搬来的。虽然仅仅做了两个月的邻居，但两家却至少吵了10次，都是为了一些鸡毛蒜皮的小事，赵家说汪家把自行车和破木柜都堆在狭窄的楼道里，妨碍了他们的进出；汪家说赵家从来不打扫走廊，自私自利。其实两家都有问题，他们都习惯于把自己的利益、自己的方便置于社会公德之上，以前与汪家为邻的是一对老年夫妻，两个老人宽厚，吃点亏也不计较，因此两家相处得还算好，但现在换了同样脾性的赵家，两家就难免发生矛盾了。过了不久，一场大的冲突终于爆发了：赵家的媳妇出门时手里拿了个香蕉吃，但不小心却掉在了门口的地上，她懒得捡起丢进垃圾筒，就一脚踢到走廊上去了，结果汪家的儿子踢球回来，一不小心踩到了香蕉皮上，额角撞到了自家的柜子上，顿时血流如注，送到医院缝了五针。汪家大骂赵家缺德，乱丢垃圾，赵家说活该，谁让他们在走廊里堆东西……越吵越凶，最后两家大打出手，锅、铲、扫帚满天飞，六个人因此受伤，汪家的老太太还被气得犯了心脏病，两家为此又打了一场官司。

这场悲剧的罪魁祸首就是两家人都有以己为先的习惯。如果他们都能有点公德心，多为别人着想一下，也就不会出现后来的情况了。

生活中，我们千万不能养成以己为先的习惯，这种处世方法将对我们产生严重的影响。人活在世上，要跟成百上千的人发生联系，如果每个人都只考虑自己方便的话，那我们的社会一定会乱成一锅粥。

"立乎其小，则其大者不可夺也"，我们要遵循道德标准，不能脱离社会公德只求自己方便。习惯以己为先，就会引发人际关系危机；能多为别人着想，我们的生活就会和谐有序。

习惯炫耀

某厂的研发部门成功研究出一种新技术，可以极大地提高生产率。厂长专门为研发部办了庆功会，该项技术的主要研究员姜某，也受到厂领导的表扬，因为他在整个研发小组里起到了核心的作用。会后，有人就跟研发组组长说："姜某太不像话了吧！发言时，竟然一句都没提到您，总是我、我、我的，好像功劳都是他一个人的！这算什么？没有您的指挥和我们组员的配合，这新技术能成功吗？"组长笑着说："别这样！姜某的功劳确实很大，人家那么说也是有理由的！谁让咱们没能耐呢？有本事的话不就也能上台夸自己了吗？"姜某的朋友在散会后劝姜某说："怎么搞的？你也有点太居功了吧！你应该多提你们领导和同事，我在台下听着你怎么好像把功劳都说成你一个人的了！你这样要不得。"姜某对朋友的劝说嗤之以鼻："本来功劳就是我最大，论功行赏，难道你还要让我把功劳让给别人呀！他们做什么了，不就是打打下手吗？我当然要多提自己刻苦攻关的事儿！"朋友看着一脸得意的姜某叹了口气。不久后，姜某就觉得组员对他的态度变了，以往需要什么配合，他们都会主动去做，但现在却要他三催四请，对方不但不配合，还常常打趣他，"哟，大英雄来了！我这无名小卒能帮上什么忙啊！"总是这样，姜某也受不了了，他怒气冲冲地去找组长，说："组员们都不愿配合我工作！"组长却说："不能吧！你可是咱们组的明星人物，他们怎么敢得罪你？"姜某呆了，从组长的话里，他终于知道自己确实做错了。姜某很快沉寂了，他再也没开发出什么新技术来。

姜某研究出了新技术，但对人情世故却缺乏了解，他不明白，居功是一件很危险的事情，它会给你制造出许多对手。所以，我们千万不要养成居功的习惯，在功劳面前要谦虚、要避让，这样别人才会对你欣赏有加。

郭解，是西汉的一位侠客，为人行侠仗义，在当时很有声望。有一次，洛阳某人因与他人结怨而心烦，多次央求地方上有名望的人士出来调停，对方就是不给面子。后来他找到郭解门下，请他来化解这段恩怨。

郭解接受了这个请求，亲自上门拜访委托人的对手，做了大量的说服工作，好不容易使这人同意了和解。照常理，郭解此时不负人所托，完成这一化解恩怨的任务，可以走人了。可郭解有高人一着的棋，有更技巧的处理方法。

一切讲清楚后，他对那人说："这个事，听说洛阳当地许多有名望的人也来调解过，但都没有调解成。这次我很幸运，你也很给我面子，我把这件事解决了。但我毕竟是个外乡人，占这份功劳恐怕不好。本地人出面不能解决的问题，由我这个外乡人来解决了，未免会使本地那些有头有脸的人感到丢面子。"他进一步说："这件事这么办：请你再帮我一次，从表面上让人以为我没办成，等我明天离开此地，本地几位头面人物还会上门，你把面子给他们，算是他们调解成的，好不好？拜托了！"

郭解很懂得照顾别人的面子，因为他知道，那些当地的头面人物是爱面子的人。如果得罪了他们，以后还怎么在这里混？所以自己还是当个幕后英雄，成全他们的美名吧。

明朝的王守仁平定了宁王朱宸濠的叛乱以后，江彬等人忌恨他的功劳，散布流言蜚语说："王守仁以前是与朱宸濠同谋的，听说各路大军开始征伐了，才擒拿了朱宸濠以自脱。"王守仁听了这种传说，于是把朱宸濠交给了协同参战的张永，使皇帝能够亲获朱宸濠，满足自己御驾亲征、生擒逆首的虚荣心。后来张永也在皇帝面前极力称赞王守仁的赤胆忠心和谦恭的美德，皇帝明白了事情的真相，于是赦免了王守仁。

龚遂是汉宣帝时代一名驯良能干的官吏。当时渤海一带灾害连年，百姓不堪忍受饥饿，纷纷聚众造反，当地官员镇压无效，束手无策，宣帝派年已70余岁的龚遂去任渤海太守。

龚遂轻车简从来上任，他安抚百姓，休养生息，鼓励农民垦田种桑，规定农民每户种一株榆树、一百棵荄白、五十棵葱、一畦韭菜、养两头母猪、五只鸡。对于那些心存戒备、依然持刀带剑的人，他劝道："为什么不把剑卖了去买头牛，务点正业？"经过几年治理，渤海一带社会安定，百姓安居乐业，温饱有余，龚遂名声大震。

于是，汉宣帝宣召他还朝，他有一个属吏王先生，请求随他一同去长安，说："我对你会有帮助的！"其他属吏却不同意，说："这个人，一天到晚喝得醉醺醺的，又好说大话，还是别带他去为好！"

龚遂说："他想去就让他去吧！"到了长安后，这位王先生还是终日沉溺在醉乡之中，也不见龚遂。可有一天，当他听说皇帝要召见龚遂时，便对看门人说："请将我的主人叫到我这儿来，我有话要对他说！"一副醉汉狂徒的模样，龚遂也不计较，还真来了。王先生问："天子如果问大人如何治理渤海，大人当如何回答？"

龚遂说："我就说任用贤才，使人各尽其能，严格执法，赏罚分明。"

这位王先生连连摇头道："不好，不好！这么说岂不是自夸其功吗？请大人这么回答：'这不是小臣的功劳，而是天子的神灵威武所感化！'"

龚遂接受了他的建议，按他的话回答了汉宣帝，宣帝果然十分高兴，便将龚遂留在身边，加官晋爵。

立了大功，那不必故意向别人炫耀，人家心里都很清楚。如果你能不居功，与大家分享你的功劳，那么别人会感激你。但如果你自恃有功，摆出一副不可一世的样子，那别人就会因妒生恨。所以，我们千万不要养成炫耀功劳的习惯。

习惯炫耀功劳的人，实际上是在跟自己过不去。所以，生活中炫耀自己功劳的人很少有辉煌长久的。我们在功劳面前要学会低头，要退让，这样才能使自己立于不败之地。

为了批评而批评

林肯年轻的时候住在印第安纳的鸽溪谷。他不仅爱批评人，而且写信做诗讥笑人，还将这些信丢在乡里街道上。即使林肯在伊里诺斯的春天成为律师之后，他的习惯仍没改掉，在报纸上发表文章公开攻击敌对的人。

1842 年秋季，他讥笑一位自大好斗的爱尔兰政客，名叫西尔士。林肯在报上登了一封匿名信讥讽他，这使全镇都哄笑了起来。西尔士敏感而自傲，怒气沸腾。当他查出是谁写的后，便跳上马去找林肯，向他挑战作一决斗。林肯不愿意打架，他反对决斗。但他不能逃避，那样他会颜面尽失。他的对手允许他自选武器。因为他有长臂，他选择了马队用的大刀，并跟西点军官学校毕业生学习刀战。到了约定的日期，他与西尔士相遇在密西西比河的沙滩上，准备决一死战。但最后的一分钟，他们的见证者阻止了决斗。

林肯把这次决斗当作他一生中最失败的一件事，此后他再也不轻易地指责讥笑别人了。

如果林肯没有改掉为了批评而批评的习惯，他就无法成就伟大的事业，只能沦为平庸者了。生活中很多人一见到别人的过失就要去批评指责，而且口不择言。也许你的本意是好心提醒，不过在提醒别人之前还是先管好你自己吧！

有个老太太坐在马路边望着不远处的一堵高墙，总觉得它马上就会倒塌，见有人向那里走过去，她就善意地提醒道："那堵墙要倒了，远着点走吧。"被提醒的人不解地看着她，大模大样地顺着墙根走过去了——那堵墙没有倒。老太太很生气："怎么不听我的话呢？"又有人走来，老太太又予以劝告。三天过去了，许多人在墙边走过去，并没有遇上危险。第四天，老太太感到有些奇怪，又有些失望，不由自主便走到墙根下仔细观看，然而就在此时，墙突然倒了，老太太被压埋在灰尘砖石中，气绝身亡。

提醒别人时往往很容易、很清醒，但能做到时刻清醒地提醒自己却很难。所以说，许多危险来源于自身，老太太的悲哀便因此而生。

再来看下面这个故事。

有四个和尚为了修行，参加禅宗的"不说话修炼"。

四个和尚当中，有三个道行较高，只有一个道行较浅。由于该修炼必须点灯，所以点灯的工作就由道行最浅的和尚负责。

"不说话修炼"开始后，四个和尚就盘腿打坐，围绕着那盏灯，进行修炼。经过好几个小时，四个人都默不作声。因为这是"不说话修炼"，无人出声说话，这是很正常的现象。

油灯中的油愈燃愈少，眼看就要枯竭了，负责管灯的那个和尚，见状大为着急。此时，突然吹来一阵风，灯火被风吹得左摇右晃，几乎就快熄灭了。

管灯和尚实在忍不住了，他大叫道："糟糕！火快熄灭了。"

其他三个和尚，原来都闭目打坐，始终没说话。听到管灯和尚的喊叫声，道行在他上面的第二个和尚立刻斥责他说："你叫什么！我们在做'不说话修炼'，怎么开口说话？"第三个和尚闻声大怒，他骂第二个和尚说："你不也说话了吗？太不像样了。"第四个道行最高的和尚，始终沉默静坐。可是过了一会儿，他就睁眼傲视另外三个和尚说："只有我没说话。"

四个参加"不说话修炼"的和尚，为了一盏灯，先后都开口说话了；最好笑的是，那三个"得道"的和尚在指责别人"说话"之时，都不知道自己也犯下"说话"的错误了。

有些人总是只看到别人的错误而忽视自身的弱点，因此他们的指责不但起不到应有的效果，反而会伤害自己，所以，批评别人前，请先检视一下你自己，不要为了图痛快就去批评别人！

加拿大的工程师斯瓦内尔曾经说过这样一件事：斯瓦内尔是个脾气暴躁的人，他的不少助手、工人都挨过他的骂。有一次，他在中午去某个正在建设的工地巡视，发现几个助手正在一起玩牌，虽然这不太符合规定，但因为是休息时间，因此也没什么大不了的。可是那天斯瓦内尔的心情很不好，因为他在前一天晚上和凶悍的妻子吵了一架，脸上还被划出了血痕。于是他走过去，朝他的助手大声嚷了起来："谁让你们把牌带来的？这是工地！你们是不是没脑子？竟会做出这样的事！以后不许再把这些私人物品带到工地来！"也许是因为有许多工人围观，也许是因为斯瓦内尔骂得太凶了，正在玩牌的一个助手也火了，他大声反驳说："没错！斯瓦内尔先生，我们是把私人物品带到工地来了，可是看您的脸就知道，您把'私人怨气'也带到工地来了吧！"斯瓦内尔呆住了，周围的工人发出了哄笑声，他只好在哄笑声中狼狈地走了。斯瓦内尔虽然觉得很难堪，但他却得到了一个宝贵的教训：不要轻易指责别人，因为你的错误也许比别人更严重。

斯瓦内尔的错误，生活中很多人还在重复。他们习惯于为了批评而批评别人，在这样做的时候，却不懂得检讨一下自己，结果批评不但没有使事情按自己意想的那样发展，反而给自己带来了很多麻烦。

为了批评而批评是个恶劣的习惯，只贬低人家不检讨自己，会让别人鄙视你、厌恶你，这会给你的生活带来很多麻烦。所以我们要改掉这种坏习惯，出口之前先问问心，做到旁观者清，当局者更清。

轻信别人

郭厂长出差的时候在火车上遇见一位"港商"，二人一见如故，互换了名片。这位"港商"举手投足之间都显示出一种贵族气质，这使郭厂长对其身份毫不怀疑。恰巧二人的目的地相同，"港商"又对郭厂长的产品非常感兴趣，似有合作意向，郭厂长便与之同住一个宾馆。吃饭、出行几乎都在一起。这一天，郭厂长与一客户谈成了一笔生意，取出大笔现金放在包里。午饭后与"港商"在自己屋里聊天，不久郭厂长起身去卫生间，回来时出了一身冷汗："港商"和那个装满钱的皮包都不见了！郭厂长赶紧报警，几天后案子破了，罪犯被抓获后才知道，原来他并不是什么港商，而是一个职业骗子。这让郭厂长对自己轻易相信他

183

人、交出自己底细的做法痛悔不已。

　　人心难测，像郭厂长这样因轻信别人而上当受骗的事在生活中也时有发生。老祖宗告诫我们，逢人只说三分话，未可全交一片心。习惯于在待人处世方面轻信别人的人，很少有不吃亏上当的。所以在这一点上，我们有必要汲取教训，改掉轻信别人的处世习惯。

　　袁了凡是明朝人，他年幼时丧父，母亲叫他放弃读书求取功名而改习医术，这样可以济世救人。袁了凡听从了母亲的话。有一天，他在寺庙里碰到一位仙风道骨的老人。老人慈祥地对他说："你是做官的'命'，明年就可以科举及第，为什么不读书了？"

　　于是袁了凡把母亲叫他放弃功名、改习医术的事告诉了这位老人，他同时请教老人为什么会这样说。老人回答："我姓孔，得到了邵先生所精通的皇极数真传。我见你是有缘人，想把这皇极数传授给你。"

　　于是袁了凡把孔先生请到家中，请他为自己推算一下。

　　这位孔先生算了一些事情，结果都十分灵验。因此，袁了凡便相信孔先生所说自己应该是有功名的，于是又去读书。

　　后来，袁了凡又请孔先生替他推算具体的前程。老先生说："你做童生的时候，县考得第14名，府考得第71名，提学考应当得第9名。"

　　果然，一年之后，袁了凡三次考试中所得的名次跟孔先生所推算的一模一样。

　　孔先生又替袁了凡推算终身的吉凶。

　　"你应当做贡生，等到出了贡后，应被选为四川一知县，上

184

任三年半后便告退。你会活到53岁，可惜没有子嗣。"

不久，袁了凡真如孔先生所说成了贡生，在南都进学一年。这时，他觉得一切已经在"命"里注定，何必再努力，所以整天静坐不动，不说话也不思考，凡是文字一律不看。一年之后，他要到国子监去读书，临行前，先到栖霞山拜会云谷禅师。

云谷禅师问道："我看你静坐了三日，却没有起过一个乱念头，这是什么原因？"

袁了凡回答："孔先生替我算过命了，我的命数已经定了，荣辱生命都有定数，不能改变，想也没有用，自然没有乱念头。"

云谷禅师笑道："平常人不能没有胡思乱想的心，因此被阴阳束缚住，也即是被所谓的命数束缚，相信命道。然而极善的人可以变苦成乐，贫贱短命变成富贵长寿。反过来，极恶的人可以变福成祸，富贵长寿变成贫贱短命。你先前的20年都被孔先生算定没有把'数'转动过分毫，所以你是凡夫。"

云谷禅师再引经据典阐述他的观点，使袁了凡心里开始相信"命"是可以改变的。只要由内心做起，把自己不良的习惯改掉，增加福德，自然可以改"命"。

云谷禅师便教他用功改过的方法。记下每一天的功与过，让他知道每天的所作所为有什么可以改进的。

一年之后礼部科考，孔先生算他考第三，结果他考第一。这时袁了凡更笃信云谷禅师的话了，更加努力地改过和行善积德，努力地改正坏习惯。当袁了凡将自己的不良习惯逐渐改过后，袁了凡不仅在53岁时没有死，孔先生算定他"命"中无子嗣，结果他也得到一个儿子。

如果袁了凡一味地相信算命先生的话，那他53岁以后的事情就没有了。所以，我们一定要改正轻信别人的习惯，如果你轻信别人的话，就会按照别人的话去做，而事实说不定恰好相反。

　　在处世中，即使是一个最简单的事情也得深思熟虑，人性复杂，你若轻信别人，一下子把心掏出来，那么就很可能会受伤。

　　丁凡是某美容院的助理，她正在跟着一个叫王雪的美容师学习。有一天，王雪突然跟另一位美容师，也是她的好朋友吴琳吵了一架。下班后，丁凡正在打扫卫生，吴琳双眼通红地从洗手间里走出来，看见丁凡还在，竟然拉着她聊起天来，这使丁凡有种受宠若惊的感觉。"你在王雪手下工作得很辛苦吧！跟她认识这么多年我还不知道她？专会欺负助理！"丁凡没敢接话。吴琳看丁凡拘谨的样子，就又说道："你不用害怕，这里也没外人，咱们聊聊！要不你干脆跟我得了！她能把你带成什么样！我都恨死她了！"丁凡看吴琳激动的样子，终于放下心来，开始向吴琳倾诉自己的怨气。可是没过几天，吴琳又和王雪和好如初，这让丁凡开始有点担忧了。果然，王雪对丁凡的态度变得越来越差了！动不动就斥责她，给她脸色看。一天，丁凡路过洗手间，正听见王雪和别人讥讽她，"死丫头！说我不好好教她，使唤她！我呸！看她那副样子，也配当美容师！你们等着瞧，一个月之内，我非把她赶走不可！"丁凡掩面哭着跑出去了，第二天丁凡就辞职了。

　　丁凡过于相信别人，因而给自己带来了麻烦。她明知道吴琳与王雪是好朋友，而且自己对吴琳也并不了解，但却还是轻信了吴琳，一下子把自己的心事全都说了出来，这实在是一种不理智的行为。

第六章

轻装上阵

——将对手远远地抛在身后

当你在前方打得热火朝天，最担心的事情就是后院起火。尽管你已经小心翼翼，但也很难说对手不会从台前绕到幕后去操控你。为了不被对手干扰，你一定要学会轻装上阵，以专注和勇气作为自己的有力武器，将深藏在背后的幕后"黑手"远远地抛在身后。

和人攀比只会带来负面影响

有一位爱和别人比较的妻子对丈夫说："我们绝对不能输给别人，你看你的同事小李，他职位不比你高，能力你们旗鼓相当，因此他有什么我们也一定要有。记住了吗？我问你你知不知道他家最近又添了什么？"

丈夫回答："他最近换了一套新家具。"

妻子说："那我们也要换套新家具。"

丈夫又说："他最近买了一辆新车。"

于是妻子又说："那你也应该马上买一辆啊！"

丈夫接着又告诉妻子："小李他最近……最近……算了，我不想说了。"

妻子马上大声追问："为什么不说，怕比不过人家呀！快点说！"

丈夫便小声地跟妻子说："小李他最近换了一个年轻漂亮的妻子。"

妻子没有话说了。

这个妻子是很可笑的，什么都要和人家攀比，直到最后，听说人家把妻子也换了，她才不再攀比了。生活中，很多人都习惯于和别人做比较，但事实上，每个人都有自己的长处，每个人都有自己的短处，人和人之间其实是没有太大的可比性的，盲目地和人家攀比，只会给自己增加一些无谓的烦恼。

有这样一则寓言：有一天，一个国王独自到花园里散步，使他万分诧异的是，花园里所有的花草树木都枯萎了，园中一片荒凉。后来国王了解到，橡树由于没有松树那么高大挺拔，因此轻生厌世死了；松树又因自己不能像葡萄那样结许多果子，也死了；葡萄哀叹自己终日匍匐在架上，不能直立，又不能像桃树那样开出美丽可爱的花朵，于是也死了；牵牛花也病倒了，因为它叹息自己没有紫丁香那样芬芳；其余的植物也都垂头丧气，没精打采；只有十分细小的心安草在茂盛地生长。

国王问道："小小的心安草啊，别的植物全都枯萎了，为什么你这么勇敢乐观、毫不沮丧呢？"

小草回答说："国王啊，我一点也不灰心失望，因为我知道，如果国王您想要一棵橡树，或者一棵松树、一丛葡萄、一株桃树、一株牵牛花、一棵紫丁香，等等，您就会叫园丁把它们种上，而我知道您希望于我的就是要我安心做小小的心安草。"

这则寓言告诉我们，不要因为盲目地和人攀比，而忘了享受自己的生活。很多时候，我们感到不满足和失落，仅仅是因为觉得别人比我们幸运！如果我们不去和别人比较，那么生活就会快乐得多。

很多人都有和人攀比的习惯，比能力、比地位、比才学，好像没有比较，就不知道自己有多重；没有比较，一切成功都是枉然一样。其实在小时候，我们就常被告知，雪花是独一无二的，没有任何两朵雪花是同样的。我们的指纹、声音和 DNA 也是如此。因此可以肯定，我们每一个人都是独一无二的个体。然而，尽管我们知道历史上从来没有完全像自己一样的人存在过，但我们还是习惯于将自己与别人相比。我们把他们作为标准来衡量我们的成功与否，我们常常在报纸上读到某人取得了伟大的成就，然后很快就发现他们的年龄超过了我们，因此我们至少得到了一点暂时的安慰：我们也还是有可能取得同样的成功的。

但是，把自己与别人相比是毫无意义的，因为你根本不知道别人在生活中的目标与动力以及别人独一无二的能力。别人有别人的才干，你有你的才干。盲目比较，可能会使你妄自尊大，也可能会让你变得自卑自怨，可以说盲目攀比的习惯给我们带来的坏处是多过好处的。

国王的御橱里有两只罐子，一只是陶的，另一只是铁的。铁罐曾有几次掉在地上的经历，但它完好无损。而陶罐则整天待在橱子的最里边，所以骄傲的铁罐瞧不起陶罐，常常奚落它。

"你敢碰我吗，陶罐兄弟？"铁罐傲慢地问。

"不敢，铁罐兄弟。"谦虚的陶罐回答说。

"我就知道你不敢，懦弱的东西！"铁罐说着，显出了更加轻蔑的神气。

"我确实不敢碰你，但不能叫作懦弱。"陶罐争辩说，"我们生来的任务就是盛东西，并不是来互相撞碰的。在完成我们的本职任务方面，我不见得比你差。再说……"

"住嘴！"铁罐愤怒地说，"你怎么敢和我相提并论！你等着吧，要不了几天，你就会破成碎片，消失掉，我却永远在这里，什么也不怕。"

"何必这样说呢，"陶罐说，"我们还是和睦相处的好，吵什么呢！"

"和你在一起我感到羞耻，你算什么东西！"铁罐说，"我们走着瞧吧，总有一天，我要把你碰成碎片！"陶罐不再理会。

很长时间过去了，世界上发生了许多事情，王朝覆灭了，宫殿倒塌了，两只罐子被遗落在荒凉的场地上。它们身上积满了渣滓和尘土，一个世纪连着一个世纪。

许多年以后的一天，一群考古学家来到这里，掘开厚厚的积土，发现了那只陶罐。

"哟，这里头有一只罐子！"一个人惊讶地说。

"真的，一只陶罐！"其他的人说，都高兴地叫了起来。

大家把陶罐捧起，把它身上的泥土刷掉，擦洗干净，和当年在御橱里的时候完全一样，朴素，美观，毫光可鉴。

"多美的陶罐啊！"一个人说，"小心点，千万别把它弄破了，这是古代的东西，很有价值的。"

"谢谢你们！"陶罐兴奋地说，"我的兄弟铁罐就在我的旁边，请你们把它掘出来吧，它一定闷得很难受了。"

人们立即动手，翻来覆去，把土都掘遍了。但一点铁罐的影子也没有。铁罐，不知道在什么年代已经完全氧化，早就无踪无影了。

每个人都有各自的特点、各自的长处和短处，"铁罐"的悲剧就是由于它的盲目攀比。不断地拿自己与别人相比，这是一种糟糕的习惯，它将会对你的自我形象、自信以及你取得成功的能力产生负面影响。

不要被你所做的工作、所住的房子、所开的汽车限定住，你

191

并不是这些东西的总和，也不要因为别人比你在音乐、艺术或智力方面更有天赋而自卑，因为你可能忽视了你在其他方面的才干，诸如激情、耐力、幽默、善解人意、交际才能，等等，它们是可以帮助我们取得成功的强有力的工具。总之，每个人都是独一无二的，和人攀比就等于抹杀了自己的独特之处。

和人攀比的习惯将给你带来负面的影响，让你或者自大，或者自卑，不能正确地评价你自己；和人攀比也是毫无意义的，因为总有人比你更好或更坏。每个人都有每个人的价值，每个人都有每个人的用处，养成了处处和人攀比的习惯，人也就失去了生活的乐趣。

懒惰是对自身资源的巨大浪费

有这样一个小品：快过年了，某村一名叫张老三的懒汉，还在蒙头睡觉，手里还拿着他的年货——5个气球。

村长来了，张老三以为是叫他去干活，故意装聋作哑。当村长说是为了解决最后的光棍问题，给张老三介绍一个邻村的姑娘时，装聋作哑的张老三立刻跳了起来，急着问什么时候见面。

要见面了，村长和张老三一起收拾房间。房间里没有沙发，张老三急中生智，用椅子和气球，再加上一块布搭起了临时的沙发。村长曾对人家姑娘说，张老三家里有电视机，张老三又生一计，把一个空纸盒拿过来放在桌子上，当电视机。

姑娘终于来了，在一番尴尬、拘谨的自我介绍后，姑娘想在沙发上歇一歇，结果坐炸了一个气球，慌得村长和张老三赶快找些可笑的理由圆场。想倒水招待客人，结果热水瓶是空的。有点近视的姑娘，终于在屋子里看到了一个电视机模样的东西。她一边问价格，一边走过去想打开电视看看，村长于是赶快坐到空纸盒后面，表演起了哑剧。

当姑娘看清是村长时，事情也就清楚了，这下懒汉张老三急了，千赌咒，万发誓，说要好好改，要劳动致富。

姑娘留下一句意味深长的话："你改了再来找我。"

这个有点夸张的故事，告诉了我们这样一个道理：贪图安逸使人堕落，懒惰的人，到头来只能是一无所获。懒惰的习惯是万恶之源、是成功的天敌，一个人如果养成了懒惰的习惯，那么他就是踏上了一条与幸福相背离的道路。

古罗马皇帝在临终时，给罗马人留下这样一句遗言："勤奋工作吧！"当时，他的周围聚满了士兵。

罗马人有两条伟大的箴言，那就是"勤奋"与"功绩"，这也是罗马人征服世界的秘诀。那时，任何一个从战场上胜利归来的将军都要走向田间。那时在罗马，最受人尊敬的工作就是农业生产。正是全体罗马人的勤奋，使这个国家逐渐变得富强。

但是，当财富和奴隶慢慢增多时，罗马人开始觉得劳动不再重要了，于是，懒散导致罪犯增多、腐败滋生，这个国家开始走向衰败，一个伟大的帝国就这样消失了。

不要贪图安逸，因为这只会让你变得堕落，只会让你退化，只有勤奋工作才是高尚的，它将带给你人生真正的乐趣与幸福。当你明白这一点时，请立刻改掉你身上的所有恶习，努力去找一份适合你的工作，你的境况将因此而改变。

懒惰、好逸恶劳乃是万恶之源，就像灰尘可以使铁生锈一样，懒惰会吞噬一个人的心灵，可以轻而易举地毁掉一个人，乃至一个民族。

有一个人死后，在去阎罗殿的路上，遇见一座金碧辉煌的宫殿。宫殿的主人请求他留下来居住。

这个人说："我在人世间辛辛苦苦地忙碌了一辈子，我现在只想吃，只想睡，我讨厌工作。"

宫殿的主人答道："若是这样，那么世界上再也没有比我这里更适合你居住的了。我这里有山珍海味，你想吃什么就吃什么，不会有人来阻止你；我这里有舒服的床铺，你想睡多久就睡多久，不会有人来打扰你；而且，我保证没有任何事情需要你做。"

于是，这个人就住了下来。

开始一段日子，这个人吃了睡，睡了吃，感到非常快乐。渐渐地，他觉得有点寂寞和空虚，于是他就去见宫殿主人，抱怨道："这种每天吃吃睡睡的日子过久了也没有意思。我现在是脑满肠肥了，对这种生活已经提不起一点兴趣了。你能否为我找一份工作？"

宫殿的主人答道："对不起，我们这里从来就不曾有过工作。"

又过了几个月，这个人实在忍不住了，又去见宫殿的主人："这种日子我实在受不了了，如果你不给我工作，我宁愿下地狱，也不要再住在这里了。"

宫殿的主人轻蔑地笑了："你以为这里是天堂吗？这里本来就是地狱啊！"

工作久了，忙碌久了，总想休息。闲久了，安逸久了就总想工作。太安逸的生活就如同地狱，让你懒于思想、懒于奋斗，和养猪场里的猪没有什么区别。

那些终日游手好闲、无所事事、无论做什么都舍不得花力气的人是可怜的，因为他们本来也可以成为一个非凡的成功者，也可以抵达辉煌的顶峰，只是由于懒惰的习惯，他们失去了这一切荣耀，只能庸庸碌碌地过一生。所以你一定要努力克服懒惰的习惯，勤奋工作，勤奋是一种值得任何人尊敬的美德，走到哪里，它都会为你增光添彩。

懒惰是对自身资源的巨大浪费，即使是再有天资的人，一旦养成了懒惰的习惯，也终将一事无成。只有勤劳者才能感受丰收的喜悦，勤奋将指引你越过所有的艰难险阻，直到成功。

信用是一笔值得珍惜的财富

一位留学生从德国某著名大学毕业后，雄心勃勃地在德国找起了工作，他本来自信十足，认为凭自己的实力，一定可以找到一份不错的工作，然而他却接二连三地碰壁，每次都是把简历递上去就没了回音。一次，他参加某大公司的面试，连和老总面谈的机会都没有，就被踢出局，他生气地大喊："你们这是种族歧视！"见状，面试的组织者连忙把他带到一个小房间，客气地说："先生，请您不要激动！您先看一下这个，就明白我们为什么不安排你面试了！"说完，递给留学生一份材料，原来是这名留学生在德国三次逃票被抓的记录。留学生不服气地说："难道就为了逃几次票，你们就不愿意用我？"负责人严肃地回答："先生，德国的检票抽查率是万分之三，而您竟然三次被发现逃票。因此我们不能相信你，你的信用已经破产了！"

不守信用的习惯，使这名留学生根本无法在德国立足，因为失去了信誉，他也失去了美好的前途。所以无论在生活中还是在工作中，我们都要守信用，信用是你成功的基石，是一笔巨大的财富。生活中，我们会发现那些受欢迎的人，常用各种不同的方式把他们的特点展现在人们面前，其中最显著的特点便是任何时候都坚持守信、遵约的美德。

守信，是中华民族的优秀文化传统之一。自古以来，中国人都十分注重讲信用、守信义。清代顾炎武曾赋诗言志："生来一诺比黄金，哪肯风尘负此心。"表达了自己坚守信用的处世态度和内在品格。因此，中国人历来把守信作为为人处世、齐家治国的基本品质，言必信，行必果。

东汉时，汝南郡的张劭和山阳郡的范式同在京城洛阳读书，学业结束，他们分别的时候，张劭站在路口，望着天空的大雁说："今日一别，不知何年才能见面……"说着，流下泪来。范式拉着张劭的手，劝解道："兄弟，不要伤悲。两年后的秋天，我一定去你家拜望老人，同你聚会。"

落叶萧萧，篱菊怒放，这正是两年后的秋天。张劭突然听见天空一声雁叫，牵动了情思，不由自言自语地说："他快来了。"说完赶紧回到屋里，对母亲说："妈妈，刚才我听见天空雁叫，范式快来了，我们准备准备吧！""傻孩子，山阳郡离这里一千多里路，范式怎么会来呢？"他妈妈不相信，摇头叹息："一千多里路啊！"张劭说："范式为人正直、诚恳、极守信用，他不会不来。"老妈妈只好说："好好，他会来，我去备点酒。"其实，老人并不相信，只是怕儿子伤心，宽慰儿子而已。

约定的日期到了，范式果然风尘仆仆地赶来了。旧友重逢，亲热异常。老妈妈激动地站在一旁直抹眼泪，感叹地说："天下真有这么讲信用的朋友！"范式重信守诺的故事一直为后人传为佳话。

在现实生活中，讲信用、守信义是立身之道，是一种高尚的情操，它既体现了对他人的尊敬，也表现了对自己的尊重。一个守信用的人，走到哪里都会受人欢迎，不守信用的人只能处处受到人们的鄙弃，守信用的习惯，确实会影响一个人的人际关系。

是否守信用对事业成败也有巨大影响，有多少人信任你，你就拥有多少次成功的机会。

1835 年，摩根还是一家名叫"伊特纳火灾"的小保险公司的股东。因为这家公司不用马上拿出现金，只需在股东名册上签上名字就可成为股东，这正符合当时摩根没有现金却希望获得收益的情况。

当时，有一家在伊特纳火灾保险公司投保的客户发生了火

197

灾。按照规定，如果完全付清赔偿金，保险公司就要破产。股东们一个个惊慌失措，纷纷要求退股。

摩根却认为信誉比金钱更重要，他四处筹款并卖掉了自己的住房，低价收购了所有要求退股的股份，然后他将赔偿金如数付给了投保的客户。一时间，伊特纳火灾保险公司声名鹊起，妇孺皆知。

虽然已经身无分文的摩根成为保险公司的所有者，但保险公司却面临破产。无奈之中他打出广告，凡是再到伊特纳火灾保险公司的客户，保险金一律加倍收取。

出乎意料的是，客户很快蜂拥而至。原来在很多人的心目中，伊特纳火灾保险公司是最讲信誉的保险公司，这一点使它比许多有名的大保险公司更受欢迎。伊特纳火灾保险公司从此崛起。

许多年后，一位名叫摩根的人主宰了美国华尔街金融帝国。而当年的摩根，正是他的祖父，是美国亿万富翁摩根家族的创始人。

信誉是人与人之间最为宝贵的东西，是用金钱无法衡量的。

以诚待人是成大事者的基本做人准则。道理很简单：诚信为天下第一品牌！青年人做人做事也要讲"诚信"二字，养成诚实守信的习惯。在事业上用这种习惯来工作，就可在竞争中取得胜利。

诚是一个人的根本，待人以诚，就是信义为要。精诚所至，金石为开，诚能化万物，也就是所谓的"诚则灵"。相反，心不诚则不灵，行则不通，事则不成。

荀子说："天地为大矣，不诚则不能化万物；圣人为智矣，不诚则不能化万民；父子为亲矣，不诚则疏；君上为尊矣，不诚则卑。"明人朱舜水说得更直接："修身处世，一诚之外更无余事。故曰：'君子诚之为贵。'自天子至于庶人，未有舍诚而能行事也；今人奈何欺世盗名矜得计哉？"所以，诚是人之所守，事之所本。

孔子说："信近于义，方可复也。"一个做事做人均无诚信的人，是很难在社会上立足的，因为人们均不齿于那些言而无信的人。

信用是一笔值得珍惜的财富，一个人如果养成守信用的习惯，那么他就会获得别人的信任和尊重，他说的话就有分量，遇到困难别人就乐于帮他。总之，信用是一笔无形的财富，拥有信用的人就拥有光明的前途。

修炼诚实，正直做人

一家著名的国际贸易公司高薪招聘业务人员，应征者络绎不绝。在众多的应聘者中，有一位年轻人最有竞争力。他毕业于名牌大学，又有在市外贸公司工作 3 年的经验，所以他坐在主考官面前，非常自信。

"你在贸易公司具体做什么？"主考官开始发问。

"做蔬菜销售。"

主考官看了看他，又问："你是做蔬菜的，应该知道，蔬菜中，菠菜出口主要是对日本。以前销路非常好，有多少收多少，可是最近几年，国外客商却不要了，你说说为什么。"

年轻人犹豫了一会儿说："就是质量不好！"

主考官看了看他，说："我敢断定，你没有去过产地。"年轻人看着主考官，沉默了 30 秒钟，没有说是，也没有说不是，却反问："你说说怎么能看出我去没去过？"

"如果你去过，就应该知道为什么菜不好了。采集菠菜的最佳时间只有十天左右，这期间的菠菜鲜嫩好吃，早了不成，晚了就老了。采好后，要摊开放在地里晾晒一天，第二天翻过来，再晾晒一天，把水分蒸发干，然后再成把捆好，装箱。等食用时放在凉水里浸泡一下就可以了。可是当地农民为了多采多卖，把菠菜采回家后，并不是把它们放在地上晾晒，而是放在热炕上。暖，这样只用两个小时就烘干了。这样加工处理的菠菜，从外表上看和晾晒的一模一样，可是食用时，不管放在水里怎么泡，都像老树根一样，又老又硬，根本咬不动。国外客商发现后，对此提出警告，一次，两次，还是如此。结果，人家干脆封杀，再不从我国进口了！"

年轻人听了，不好意思地低下头说："我确实没有去过产地，所以不知道你说的这些事。"

年轻人带着遗憾走出公司的大楼。这位最有希望入选的年轻人，最终没有被录取。

这位年轻人就像那些一心想加工速成菠菜的农民一样，省略了两天的阳光，但最终被烘干的却是自己。通过弄虚作假换来的成功是不牢靠的，欺骗别人的人最终欺骗的是自己。所以即使你一时不能获得成功，也必须诚实正直，因为诚实正直才是成功的最大助力！

从前有一位贤明而受人爱戴的国王，把国家治理得井井有条，人民安居乐业。国王的年纪逐渐大了，但膝下并无子女，这件事让国王很伤心。他终于决定，在全国范围内挑选一个孩子收为义子，把他培养成自己的接班人。

国王选义子的标准很独特，给孩子们每人发一些花的种子，宣布谁如果用这些种子培育出最美丽的花朵，那么谁就成为他的义子。

孩子们领回种子后，开始了精心的培育，从早到晚，浇水、施肥、松土，谁都希望自己能够成为幸运者。有个叫阿土的男孩，也整天精心地培育花种。但是，10天过去了，没有发芽。半个月过去了，还是没有发芽。一个月过去了，花盆里依然只有一片黑土，更别说开花了。

苦恼的阿土去请教母亲，母亲建议他把土换一换，但依然无效，母子俩束手无策。

国王决定的观花日子到了。无数个穿着漂亮衣裳的孩子涌上街头，他们各自捧着盛开鲜花的花盆，用期盼的目光看着缓缓巡视的国王。国王环视着争奇斗艳的花朵与漂亮的孩子们，并没有像大家想象中那样高兴。

忽然，国王看见了端着空花盆的阿土。他无精打采地站在那里，眼角还有泪花，国王把他叫到跟前，问他："你为什么端着空花盆呢？"

阿土抽咽着。他把自己如何精心摆弄，但花种怎么也不发芽的经过说了一遍，还说，他想这是报应，因为他曾在别人的花园

201

中偷过一个苹果吃。没想到国王的脸上却露出了最开心的笑容，他把阿土抱了起来，高声说："孩子，我找的就是你！"

"为什么是这样？"大家不解地问国王。

国王说："我发下的花种全部是煮过的，根本就不可能发芽开花。"

捧着鲜花的孩子们都低下了头。

现代社会里，为了利益，越来越多的人习惯于弄虚作假，然而这个习惯只会毁了他们，对他们不会有任何助益，最终他们也只能像那些捧着鲜花的孩子一样，由于弄虚作假而受到嘲弄。拉蒂姆主教在谈到一个刀具商卖给他一把不值一便士的刀，却勒索他两便士时，说："这个无赖骗走的不是我的钱，而是他自己的良心。"

正直诚实的习惯，是一种宝贵的财富，一个诚实正直的人一定会赢得别人的认同。

王述成名较晚，当时人们都说他是傻子。丞相王导因为他是东海内史王承的儿子，就征召他做属官。大家经常聚集在一起谈天。王导每次讲话，许多人都争着赞美他。坐在下席的王述说："丞相又不是尧舜，怎么能什么都对呢？"对此王导非常赞赏。

宋朝丞相张知白向朝廷推荐年轻的晏殊。朝廷召晏殊来到宫殿，正逢真宗皇帝御试进士，就命令晏殊参加考试。晏殊见到试题后说："这首赋我在 10 天前已作过，请皇上另出试题。"他的诚实博得了真宗的喜爱。之后，晏殊担任了官职。有一天，太子东宫缺官，内廷批示授晏殊担任。主事官不知道是何原因，第二天皇上对他说："近来听说馆阁里的臣僚，没有一个不宴乐玩赏的，只有晏殊与兄弟埋头读书，如此谨慎持重，正可以担任东宫官。"晏殊接受了任命，皇上又当面向他说明任命他的原因。晏殊听了后，说："臣下不是不喜欢宴乐和游玩，只不过是因为贫穷玩不起啊。臣下如有钱，也想去玩的。"皇上对他的诚实倍加赞赏。宋仁宗时，他终于做了宰相。

我们都喜欢同诚实的人打交道、做朋友。所以，需要别人诚实地对待自己，自己先要以诚实对待别人。

正直诚实的习惯是幸福的源泉，一个诚实的人只要是勇往直前地走自己的路，成功就一定会到来，所有属于他的最高的奖赏也迟早都会得到。

远离虚荣、爱卖弄的人

小卢相当聪颖、活泼，常常获得长辈们的夸奖，她也一直以自己为荣，儿时的小卢就养成了虚荣、好卖弄的习惯。

只要有机会，她就会争抢着去炫耀、去卖弄。

直到有一次，当她听录音时，突然听到其中一个尖锐而突出的声音，简直像在狼嚎。听了几遍后她才发现，那是自己的声音！小卢开始反思自己，她想："从小到大，我一直没有挣脱过对虚荣的追逐，当别人夸奖自己就沾沾自喜，可什么时候站下来审视一下自己呢？"

她终于明白了，一切的不快乐、不满足，皆因自己的虚荣而起。"一个人能摒弃虚荣心，就是拥有平常心的开始。"直至小卢成了名副其实的名人，她始终也没有忘记这句话。她说："正是这句话，让我为自己的心找到了一个正确的方向！"生活中的自我太多，有机会就迫不及待地想跳出来，其实都是卖弄。

如果小卢没有停下来认真地审视自己，而是被虚荣的习惯牢牢地束缚的话，那么她就会一点点堕落，最后成为"伤仲永"式的人物。要知道，山外有山，人外有人，一个人一旦被虚荣的习惯控制住，他就会不思进取，并最终毁了自己的前途，所以我们一定要摒弃虚荣的习惯。

虚荣有很多表现：有的人喜欢卖弄自己的学识，好为人师；有的人喜欢追赶流行，炫耀自己，希望自己成为别人眼中的焦点……无论哪一种表现，它们都只能引起别人的厌恶。

李某是某公司的业务骨干，每个人都知道李某人不错，不藏私，愿意帮助别人，然而大家还是讨厌他，因为他总喜欢标榜自己，卖弄自己。比如小赵犯了个小错误，李某会帮他解决问题，然而过程中李某也会不断强调小赵犯的错误不可原谅，乘机卖弄自己的本事，还要一再地教训小赵，结果小赵不但不领他的情，反而更加讨厌他。

不要利用别人的错误来卖弄自己，你应该以朋友的身份而不是导师的姿态出现。如果总是标榜自己，总是要对他人摆出一副导师的派头来，那就未免过分了。更有甚者，是为了表现自己的"为师之道"，常常会寻找他人的"失误"，并且利用他人的"失误"来表现自己的"师道"，拿他人的失误做文章，甚至不惜夸大这种失误的成分或后果，这就难免有些哗众取宠了。因而应该明白，你的那些自得的为师之道，也许会成为他人嘲笑的话柄，也许会成为他人讨厌你的原因。如果不加收敛，将会导致你从此越来越孤单，人们对你的话会不屑一顾，即使你在某些方面真的比他们懂得多，他们也会对你的批评不屑一顾，因为在他们的心理上，已经对你产生了反感。

所以你要警惕了，"师"并不是轻易就可以当得上的，如果你是一个明智的人，最好还是少称师为好。如果你把自己当成一个学生，人们不仅不会讨厌你，而且还会亲近你。可是，如果你仍要把自己当成一个老师，以一副老师的姿态出现在人们的面前，那么你最终有可能成为一个孤家寡人。

还有一些人以追求时尚的方式来炫耀自己，虚荣的习惯驱使他们盲目追逐流行，生怕别人笑自己落伍。

朱小姐在一家大公司上班，月收入5000元，是个人人羡慕的白领丽人，然而她的生活却并不像人们想象中那么美好。朱小姐承认自己是个爱慕虚荣的女孩，她的大部分工资都用来买名牌服饰、精美首饰，因此她只能租最旧的公寓，一个月有三分之二的时间要吃泡面，她是外表光鲜、内里苦呀！而且尽管她面容姣好，周围的男士众多，但却没人愿意追求她，这让已经27岁的她更加难过。一个男同事一语道破了众男士的顾虑："她的一个皮包就要我半个月的工资，这么'贵气'的女人谁敢要啊！"朱小姐却不清楚自己的问题出在哪里，她仍旧过着虚荣的生活，当然也不会有人来追求她。

社会上，很多人都有虚荣的习惯，他们盲目地追逐流行，花钱如流水一般，结果浪费了很多精力和金钱。

205

其实，虚荣心重的人，所欲求的东西，莫过于名不副实的荣誉，所畏惧的东西，莫过于突如其来的羞辱。

虚荣最大的后遗症是促使一个人失去免于恐惧、免于匮乏的自由。因为害怕羞辱，所以不定时地活在恐惧中，常感匮乏，所以经常没有安全感，不满足；而虚荣心强的人，与其说是为了脱颖而出、鹤立鸡群，不如说是自以为出类拔萃，所以不惜玩弄欺骗、诡诈的手段，使虚荣心得到最大的满足。

真正的成功，是不会因某些成就而沾沾自喜的；若为所成就的人和事感到骄傲，也应该是心存感恩、健康的骄傲，而非不当得而得的"虚荣"！

虚荣心就像一个色彩斑斓的肥皂泡，它随时都会破灭，把站在它上面的人抛下深潭。一个人一旦养成了虚荣的习惯，它就会让你只看到眼前，失去真实的自己，离成功越来越远。

完美主义是一种无情的自负

有个漂亮的女孩有一副动听的歌喉，窈窕的身材，但她却长着一口龅牙，这使她苦恼极了。她怨恨自己的不完美，她觉得自己一切都应当是完美无瑕的。有一次，她去参加歌唱比赛。上台以后，她只顾掩饰难看的牙齿，这让评委和观众觉得好笑极了。结果她失败了，就在她沮丧地想离开赛场时，有位评委到后台找到了她，认真地告诉她说："你的音乐潜质极佳，你肯定会成功的，但必须忘掉你的牙齿。"在"伯乐"的帮助下，女孩慢慢走出了龅牙的阴影。后来在一次全国性大赛中，女孩以极富个性化的表演和歌唱倾倒了观众和评委，脱颖而出。她就是卡丝·黛莉，美国的一位著名歌唱家。她的龅牙同她的名字一样有名，歌迷还称她的牙很漂亮。

如果黛莉始终坚持对自己的完美要求，她就永远也无法自信地站在舞台上，从从容容地面对他人和人生，更无法取得成功。生活中，很多人也和早期的黛莉一样，习惯用完美主义来要求自己。这种习惯导致他们固执、刻板、不灵活，他们给自己或他人设定了一个很高的标准，非要达到不可，结果他们常常感到挫折、痛苦，他们的人生通常都是不如意的。

人大多有追求完美的习惯，什么都要十全十美，做人一定要好上加好。

其实，在人世间，人们是注定要与"缺陷"相伴而与"完美"相去甚远的。求完美的习性使许多人做事比较小心谨慎，生怕出错，因此，必然导致其保守、胆小等性格特征的形成。在现实生活中我们不难发现，有的人长得一表人才，举止得体，说话有分寸，但你和他在一起就是觉得没意思，连聊天都没丝毫兴致。这些人往往是从小接受了不出"格"的规范训练，身上所有不整齐的"枝杈"都给修剪掉了，于是便失去了个性独具的风采和神韵，变得干巴、枯燥，没有生机，没有活力。客观地说，在人物性格上的确存在着"缺陷美"，即在实际生活中，那些性格有"缺陷"而绝对不属于十全十美的人反而显得更具有内在的魅

第六章 轻装上阵——将对手远远地抛在身后

力，也更具有吸引力。

不仅人自身是不完美的，我们生活的世界也是布满缺憾的。比如，有一种风景，你总想看，它却在你即将聚焦的时候巧妙地隐退；有一种风景，你已经厌倦，它却如影随形地跟着你；世界很大，你想见的人杳如黄鹤；世界很小，你不想看见的人却频频进入你的视线；有一种情，你爱得真、爱得纯，爱得你忘了自己，而他（她）却视如垃圾，如果能够倒过来多好，可以不让自己再忍受痛苦。世上有许多事，倒过来是圆满，顺理成章却变成了遗憾。然而，世上的许多事情正是在顺理成章地进行着，我们没办法将它倒过来。

某著名房地产公司的总经理就是这样的人，虽然他们公司的销售还不错，但离他的高标准有些差距，他不能忍受，跳楼自杀了。有位软件设计工程师在编程序时要求自己像写古诗一样把字节写得都一样长，结果他日日夜夜地苦思冥想，工作效率和成果可想而知。

有完美主义习惯的人往往不愿意接受自己或他人的弱点和不足而常常挑剔。有的人没有什么好朋友，总也找不着对象，和谁都和不来，经常换单位，为什么？那是因为他们谁也看不上，甚至会因为别人的一些小毛病，而忽略了别人的主要优点；有的人不允许自己在公共场合讲话时紧张，更不能容忍自己紧张时不自然的表情，一到发言时就拼命克制自己的紧张，结果越发紧张，形成恶性循环；有的人不允许自己身体有丝毫不舒服，经常怀疑自己得了重病，经常去医院检查。其实，每个人都有缺点和不足，都会有紧张、不适的体验，这是正常的表现，必须学会接受它们，顺其自然。如果非要和自然规律抗拒，必然会愈抗愈烈。

完美主义的人表面上很自负，内心深处却很自卑。因为他很少看到优点，总是关注缺点，总是不知足，很少肯定自己，自己就很少有机会获得信心，当然会自卑了。不知足就不快乐，痛苦就常常跟随着他，周围的人也一样不快乐。学会欣赏别人和欣赏自己是很重要的，也是使人更进一步实现下一个目标的基石。

完美主义的人容易只顾细节而忘记了主要目标，让别人觉得他捡了芝麻丢了西瓜。工作常常因此而没有效率。

所以，我们应当抛弃完美主义的习惯，试着欣赏有瑕疵的美。

有一个男人，单身了半辈子，突然在43岁那年结了婚。新娘跟他的年纪差不多，以前是个歌星，曾经结过两次婚，都离了，现在也不红了。在朋友看来，觉得他挺亏的，这不是一个好的选择，因为新娘身上的瑕疵太多了。

有一天，他跟朋友出去，一边开车一边笑道："我这个人，年轻的时候就盼望着能开宝马车，可是没钱，买不起；现在呀！还是买不起，买辆三手车。"

他的确开的是辆宝马车，朋友左右看看说："三手？看来很好哇！马力也足！"

"是的呀！"他大笑了起来，"旧车有什么不好？就好像我太太，前面嫁个广州人，又嫁个上海人，还在演艺圈混了20多年，大大小小的场面见多了。现在老了、收了心，没有以前的娇气、浮华气了，却做得一手好菜，又懂得做家务。说老实话，现在真是她最完美的时候，反而被我遇上了，我真是幸运呀！"

209

"你说得挺有道理的！"朋友陷入沉思。

他握着方向盘，继续说道："其实想想我自己，我又完美吗？我还不是千疮百孔，有过许多往事、许多荒唐，正因为我们都走过了这些，所以两个人都变得成熟、都懂得忍让、都彼此珍惜，这种不完美，正是一种完美啊！"

不完美，也是一种完美。这个豁达的男人没有苛求完美的习惯，懂得欣赏残缺的美，因此他也找到了属于自己的幸福。

世上的事情总不能皆尽人意，事事苛求完美其实就是在难为自己，所以我们一定要扔掉完美主义的习惯，从自怨自艾中挣脱出来，从容地面对自己的人生。

完美主义的习惯，其实是一种无情的自负形式。我们必须明白：没有人能够永远得到满分，要求别人十全十美是不公平的，要求自己十全十美则是自我本位的愚行。而且完美主义者常会因为遭受一点失败而产生深深的挫折感，变得自暴自弃。所以，我们一定要克服这种不良习惯，别让它毁了我们的生活。

培养忍让宽容的习惯

一次，在公共汽车上，一个红头发的男青年往地上吐了一口痰，被乘务员看到了，并说："同志，为了保持车内的清洁卫生，请不要随地吐痰。"没想到那男青年听后不仅没有道歉，反而破口大骂，说出一些不堪入耳的脏话，然后又狠狠地向地上连吐三口痰。那位乘务员是个年轻的女孩，此时气得面色涨红，眼泪在眼圈里直转。车上的乘客议论纷纷，有为乘务员抱不平的，有帮着那个男青年起哄的，也有挤过来看热闹的。大家都关心事态如何发展，有人悄悄说快告诉司机把车开到公安局去，免得一会儿在车上打起来。没想到那位女乘务员定了定神，平静地看了看那位男青年，对大伙说："没什么事，请大家回座位坐好，以免摔倒。"一面说，一面从衣袋里拿出手纸，弯腰将地上的痰迹擦掉，扔到了垃圾桶里，然后若无其事地继续卖票。看到这个举动，大家愣住了。车上鸦雀无声，那位男青年的舌头突然短了半截，脸上也不自然起来，车到站没有停稳，就急忙跳下车，刚走了两步，又跑了回来，对乘务员喊了一声："大姐！我服你了。"车上的人都笑了，七嘴八舌地夸奖这位乘务员不简单，真能忍，不声不响就把浑小子制伏了。

　　这位女乘务员面对辱骂，既没有争辩，也没有与之对骂，而是忍下了一时之气，主动退让一步。这种退让使她取得了道德上、人格上的胜利，同时给了那个男青年一个深刻的教训。所以，生活中我们要注意培养这种忍让宽容的习惯，就像人们常说的那样：忍字头上一把刀，遇事不忍把祸招，若能忍住心头急，事后方知忍字高。

　　某女士在家排行老大，那时家境艰难，父母忙于上班养家，照顾两个弟弟洗衣做饭等管家的事早早就落在她的头上。弟弟怕她，父母疼她。因此，她养成了能吃苦受累不能忍气受气的个性。后来参军，在部队严格纪律的约束下，部队的一些要求，她

211

虽然行动上执行了，可心中却不服气，常常牢骚满腹。而她的真正成熟进步是从学习忍耐开始的。她当的是通讯兵，搞长途话务，记得刚上机时，负责培训的是一位连里比较厉害的老兵。有一次，用户要下面部队的一个分站，她拿着塞线不知往哪条线路上插，正犹豫着，那位老兵一把将她的手打下，说："你别拿着我的塞头巡逻了。"从小到大，她哪里受过这个气，当时她脑袋轰地一热，血往上涌，泪水在眼窝里转，真想摘下话筒跑掉，或者和老兵大吵一架。可是一刹那间，她忍住了。想起平时领导常说三尺机台就是战场，要是跑掉不就等于在战场上开小差了吗？所以她一边忍着气抹着泪，一边认真看老兵操作。下班后又帮着老兵整理话单，打扫机房，这时心情已经好多了；而老兵也觉得有些过火，主动过来手把手地教她。两人以后成了无话不谈的好朋友。

忍让是个好习惯，宋代苏洵曾经说过："一忍可以制百辱，一静可以制百动。"忍让是理智的抉择，是成熟的表现。一个人如果能养成宽容忍让的习惯，那么他就会获得别人的尊敬。

威廉·麦金莱刚任美国第 25 任总统时，指派某人做税务部长。当时有许多政客反对此人，他们派代表前往总统府，要求麦金莱说明委任此人的理由。为首的是一位身体矮小的国会议员，他脾气暴躁，说话粗声粗气，开口就把总统大骂一番。麦金莱却不吭一声，任凭他声嘶力竭地骂着，最后才极和气地说："你讲完了，怒气应该平息了吧。照理你是没有权力这样责问我的，但现在我仍然愿意详细地给你解释……"

这几句话说得那位议员羞惭万分，但总统不等他表示歉意就和颜悦色地对他说："其实也不能怪你，因为我想任何不明真相的人都会大怒。"接着，他便把理由一一解释清楚。

其实不等麦金莱解释，那位议员已被他折服，他心里懊悔自己不该用这样恶劣的态度来责备一位和善的总统。因此，当他回去向同伴们汇报时，只是说："我记不清总统的全部解释，但有一点可以报告，那就是——总统的选择并没有错。"

"忍"不但使麦金莱的解释获得好的效果，而且使那位议员从此悔悟，以后永远不再做出令人难堪的举动。别人故意使你大发脾气，你一气之下，就会做出不理智的事情，这样无疑是自讨苦吃。

不仅如此，有的时候与我们敌对的人还会故意发起挑衅，如果不冷静地忍让的话，我们就会陷入窘境。

三国时，魏将司马懿在五丈原与诸葛亮对峙时，他料定蜀军粮草匮乏，不利久战，因此坚壁不出，以逸待劳。诸葛亮使激将法，派人将妇女的头饰和衣服送给司马懿，讽刺他缩头藏尾，如妇人所为。

魏军将领见此羞辱勃然大怒，争先请战。司马懿却欣然接受，为安抚士气，继续以坚壁不战的战略疲惫对方，司马懿故意上奏请示魏主晓谕攻守对策。

如此书信往返，又消耗了一段时间，司马懿终于以固守之策逼退无法僵持待战的蜀军。

现实生活中，让人生气令人发怒的事是随时可能发生的，但作为一个有头脑的冷静的人，为了更好地、安宁地生活和工作，理智地处理各种不愉快，就需要培养自己忍让的习惯，如果不

213

忍，任意地放纵自己的感情，首先伤害的是自己。如对方是你的对手、仇人，有意气你、激你，你不忍气制怒保持头脑清醒，就容易被人牵着鼻子走，中了人家的计，落个死比鸿毛还轻的下场，如三国时的周瑜就是一例。所以，孔子云："一朝之忿，忘其身以及其亲，非惑欤？"言外之意即因一时气愤不过，就胡作非为起来，这样做显然是很不明智的。

忍就是在压抑人性本身的快乐，所以要养成忍让宽容的习惯可能是很困难的。但如果我们做到了，我们就会收获很多，成功往往就是在宽容忍让之后，才会在某个方面有所突破，从而实现我们最初的梦想。

别总指望天上掉馅饼

一天，牛大爷去城里看望儿子儿媳，走在半路上，突然见到一个精美的首饰盒滚到他的脚边。身旁的一个小伙子眼尖手快，急忙捡了起来，打开一看，里面竟然有一条金项链，还附着一张发票，上面写着某某饰品店监制，售价3600元。但是牛大爷当即拽住小伙子，让他在原地等候失主。可是等了老半天，还是没人来领。

那个小伙子便小声提议两个人私分，说："给我1000元，项链归您。"边说边朝巷口走去。牛大爷平时就有贪小便宜的习惯，再看看项链，就更动心了。他心想："我可以把它送给我的儿媳妇，当年她嫁过来的时候，我们手头不宽裕也没怎么给她买过东西。这次去看他们，正好把这个项链送给她，她一定会很高兴的，这也是我这个做公公的一番心意嘛。"

牛大爷的犹豫没有逃过小伙子的眼睛，他更是一个劲地说这条项链有多好，今天运气好才会遇到的。牛大爷禁不住小伙子的游说，便说："可是我没有这么多钱，我是来城里看我儿子的，身上只带了 800 块钱。"

小伙子故作大方地说："这样呀，没有关系，我就吃点亏，谁叫您年纪比我大呢？"

于是，牛大爷就把好不容易凑到的 800 块钱给了小伙子，拿着那条金项链美滋滋地向儿子家走去。

一到儿子家，他便把路上的事情跟儿子儿媳说了，还拿出那条金光闪闪的项链送给儿媳妇。小夫妻俩一听就不对，果然，那条项链是假的。

牛大爷这才恍然大悟，原来人家设了一个陷阱让他跳，这时他开始恨自己贪小便宜的老毛病，准备给还没出生的小孙子买些东西的 800 块钱就这样打水漂了，牛大爷因为贪小便宜而吃了大亏。

世上绝不会有天上掉馅饼的好事，一分耕耘，一分收获，只有辛勤地劳动才能造就成功。一心想着不劳而获的人，不是梦想成空，就是掉进贪婪的陷阱。

1856 年，美国俄亥俄州的亚历山大商场发生了一起盗窃案，共丢失 6 只金表，损失 18 万美金，在当时，这是相当庞大的数目。

就在案子侦破前，有个波士顿商人到此地批货，随身携带了5万美元现金。当他到达下榻的酒店后，先办理了贵重物品的保存手续，接着将钱存进了酒店的保险柜中，随即出门去吃早餐。

在咖啡厅里，他听见邻桌的人在谈论前阵子的金表窃案，因为是一般社会新闻，这个商人并不当一回事。

中午吃饭时，他又听见邻桌的人谈及此事，他们还说有人用1万美元买了2只金表，转手后即净赚3万美元，其他人纷纷投以羡慕的眼光说："如果让我遇上该有多好！"

商人听到后，心里很羡慕，他抱怨自己为什么没碰上这么便宜的事！

到了晚餐时间，金表的话题居然再次在他耳边响起，等到他吃完饭，回到房间后，忽然接到一个神秘的电话："你对金表有兴趣吗？老实跟你说，我知道你是做大买卖的商人，这些金表在本地并不好脱手，如果你有兴趣，我们可以商量看看，品质方面，你可以到附近的珠宝店鉴定，如何？"

商人听到后，不禁怦然心动，他想这笔生意可获取的利润比一般生意优厚许多，所以他便答应与对方会面详谈，结果以4万美元买下了传说中被盗的6只金表中的3只。

但是第二天，他拿起金表仔细观看后，却觉得有些不对劲，于是他将金表带到熟人那里鉴定，没想到鉴定的结果是，这些金表居然都是假货，全部只值600美元而已。直到这帮骗子落网后，商人才明白，打从他一进酒店存钱，这帮骗子就盯上了他，而他一整天听到的金表话题，也是他们故意安排设计的。

歹徒的计划是，如果第一天商人没有上当，接下来，他们还会有许多花招准备诱骗他，直到他掏出钱来为止。

习惯贪小便宜的人往往目光如豆，他们只看得见眼前的利益，却看不见身边隐藏的危机。就比如故事中的商人，他明知金表是"赃货"，但却被自己的贪念打败，最终抗拒不了骗子的诱惑而自食恶果，可以肯定的是，如果他改不了这个贪小便宜的习惯的话，以后他还会不断地吃这种亏。

生活中，总有许多陷阱等着习惯贪小便宜的人，这也就是有些人总是吃亏上当的原因。贪小便宜的习惯使人像中了魔似的不能脱身，当那些所谓的"实惠"或"好运"到来时，他们就会毫不犹豫地跳进陷阱里，贪小便宜的人很少有不吃亏的。

生活中的陷阱实在太多了：金钱、地位、美女……钓"鱼"的人要下饵，骗子往往先诱人于小利。好贪小便宜的人在见到"便宜"时，就忘了天上不会掉馅饼的道理，以致受骗上当。请记住，无论骗子有多少诡计，只要你能克服贪小便宜的毛病，他们就无隙可乘。

冷漠自私不应是你的常态

一个寒冷的夜晚，一个简陋的旅店来了一对上了年纪的客人，不幸的是，这间小旅店已经住满了。

"这已是我们寻找的第4家旅社了，这鬼天气，到处客满，我们怎么办呢？"这对老夫妻望着阴冷的夜晚发愁。

店里的小伙计不忍心让这对老年客人受冻，便建议说："如果你们不嫌弃的话，今晚就睡在我的床铺上吧，我自己打烊时在店堂打个地铺。"

老年夫妻非常感激。第二天他们要按照旅店住宿价格付客房费，小伙计坚决地拒绝了。临走时，老年夫妻开玩笑地说："如果你经营旅店，你可以当上一家五星级酒店的总经理。"

"是吗？真希望是那样，我也想多挣一点，让家人过得舒舒服服的！"小伙计随口应和地哈哈一笑。

没想到，两年后的一天，这个小伙计收到一封寄自纽约的来信，信中夹有一张往返纽约的双程机票，信中邀请他去拜访当年那对睡他床铺的老夫妻。

小伙计来到繁华的大都市纽约，老年夫妻把小伙计带到大街上，指着那儿的一幢摩天大楼说："这是一座专门为你兴建的五星级宾馆，现在我正式邀请你来当总经理。"

年轻的小伙计因为一次举手之劳的助人行为，美梦成真。这就是著名的奥斯多利亚大饭店的总经理乔治·波菲特和他的恩人威廉一家的真实故事。

这个小伙计给了老年夫妻一次热情的帮助，而他得到的回报是一家五星级酒店。很多时候帮助别人就是在帮助自己，乐于助人的人会得到厚报，而冷漠自私的人只会伤害到自己。

有一个人被带去观赏天堂和地狱，以便比较之后能聪明地选择他的归宿。他先去看了魔鬼掌管的地狱。第一眼看去令人十分吃惊，因为所有的人都坐在酒桌旁，桌上摆满了各种佳肴，包括肉、水果、蔬菜。

然而，当他仔细看那些人时，他发现没有一张笑脸，也没有伴随盛宴的音乐或狂欢的迹象。坐在桌子旁边的人看起来沉闷，无精打采，而且皮包骨。这个人发现那些人每人的左臂都捆着一把叉，右臂捆着一把刀，刀和叉都有四尺长的把手，使它不能用来吃饭。所以即使每一样食品都在他们手边，结果还是吃不到，一直在挨饿。

然后他又去天堂，景象完全一样：同样的食物、刀、叉与那些四尺长的把手，然而，天堂里的居民却都在唱歌、欢笑。这位参观者困惑了。他怀疑为什么情况相同，结果却如此不同。在地狱的人都挨饿而且可怜，可是在天堂的人吃得很好而且很快乐。最后，他终于看到了答案：地狱里每一个人都试图喂自己，可是一刀一叉，以及四尺长的把手根本不可能吃到东西；天堂上的每一个人都是喂对面的人，而且也被对面的人所喂，因为互相帮助，结果帮助了自己。

生活中，一些人冷漠自私，在他们固有的思维模式中，认为要帮助别人自己就要有所牺牲，所以事不关己何必为别人费心呢？其实别人得到的并非是你自己失去的，帮助别人就是在帮助你自己。下面这个小故事就可以很好地说明这一点。

瑞士的一个小渔村里，有一个叫罗吉的少年，他是一个热心的小伙子，非常乐于助人，他以自己的经历，再次向人们证明了，帮助别人其实就是在帮助自己。

那是一个漆黑的夜晚，巨浪击翻了一艘渔船，船员们的性命危在旦夕。他们发出了求救信号，而救援队的队长正巧在岸边，听见了警报声，便紧急召集救援队员，立即乘着救援艇冲入海浪中。

当时，忧心忡忡的村民们全部聚集在海边祷告，每个人都举着一盏提灯，以便照亮救援队返家的路。

两个小时之后，救援艇冲破了浓雾，向岸边驶来，村民们喜出望外，欢声雷动，当他们精疲力竭地跑到海滩时，却听见队长说："因为救援艇的容量有限，无法搭载所有遇难的人，无奈只得留下其中的一个人。"

原本欢欣鼓舞的人们，听见还有人危在旦夕，顿时都安静了下来，所有人的情绪再次陷入慌乱与不安中。

这时，来不及停下喘息的队长开始组织另一队自愿救援者，准备前去搭救那个最后留下来的人。

17岁的罗吉立即上前报名，然而，他的母亲听到时，连忙抓住他的手，阻止说："罗吉，你不要去啊！10年前，你的父亲在海难中丧生，而3个星期前，你的哥哥约翰出海，到现在也音讯全无啊！孩子，你现在是我唯一的依靠，千万不要去！"

看着母亲，罗吉心头一酸，却仍然强忍着心痛，坚强地对母亲说："妈妈，我必须去，如果每个人都说'我不能去，让别人去吧'，那情况将会怎么样呢？妈妈，您就让我去吧，这是我的责任，只要还有人需要帮助，我们就应当竭尽全力地救助他。"

罗吉紧紧地拥吻了一下母亲，然后义无反顾地登上了救援艇，和其他救援队员一起冲入无边无际的黑暗中。

一小时过去了，虽然只有一个小时，但是对忧心忡忡的罗吉母亲来说，却是无比漫长的煎熬。忽然，救援艇冲破了层层迷雾，出现在人们的视野中，大家还看见罗吉站在船头，朝着岸边眺望，岸边的众人不禁向罗吉高喊："罗吉，你们找到留下来的那个人了吗？"

远远地，罗吉开心地朝人群挥着手，大声喊道："我们找到他了，他就是我的哥哥约翰啊！"

罗吉不顾母亲的劝阻，坚持去救援，令人备感温馨的是，他救回来的竟是自己的哥哥！他的乐于助人使他得到了意想不到的回报。现实生活中，有很多冷漠自私的人，他们不愿为别人着想，不愿帮助别人，结果，他们就像一个孤岛一样，没有朋友，当他们出了问题，也很少有人愿意帮助他们！

冷漠自私的习惯拉开了人与人之间的距离，一个过分在意自己的所有、无视他人困苦的人，终究会被社会抛弃。生活就像山谷回声，你付出什么就得到什么，你帮助的人越多，得到的就越多。因此，如果你有能力帮助别人的话，请千万别选择冷漠。

凡事不要斤斤计较

1898 年冬天，幽默大师威尔·罗吉士继承了一个牧场。

有一天，他养的一头牛，为了偷吃玉米而冲破附近一户农家的篱笆，最后被农夫杀死。依当地牧场的共同约定，农夫应该通知罗吉士并说明原因，但是农夫没有这样做。

罗吉士知道这件事后，非常生气，于是带着佣人一起去找农夫理论。

此时，正值寒流来袭，他们走到一半，人与马车全都挂满了冰霜，两人也几乎要冻僵了。

好不容易抵达木屋，农夫却不在家，农夫的妻子热情地邀请他们进屋等待。罗吉士进屋取暖时，看见妇人十分消瘦憔悴，而且桌椅后还躲着五个瘦得像猴子的孩子。

不久，农夫回来了，妻子告诉他："他们可是顶着狂风严寒而来的。"

罗吉士本想开口与农夫理论，忽然又打住了，只是伸出了手。

农夫完全不知道罗吉士的来意，便开心地与他握手、拥抱，并热情邀请他们共进晚餐。

这时，农夫满脸歉意地说："不好意思，委屈你们吃这些豆子，原本有牛肉可以吃的，但是忽然刮起了风，还没准备好。"

孩子们听见有牛肉可吃，高兴得眼睛都发亮了。

吃饭时，佣人一直等着罗吉士开口谈正事，以便处理杀牛的事，但是，罗吉士看起来似乎忘记了，只见他与这家人开心地有说有笑。

饭后，天气仍然相当差，农夫一定要两个人住下，等转天再回去，于是罗吉士与佣人在那里过了一晚。

第二天早上，他们吃了一顿丰盛的早餐后，就告辞回去了。回家的路上，佣人忍不住问他："您不是打算讨公道吗?"罗吉士笑着说："那是原来的打算，当我看到那一家人后，我就不想再追究了，太小心眼了没什么好处！"

故事中的罗吉士虽然失去了一头牛，但这段经历却使他明白了一个道理：一个人总是斤斤计较的话，做人也不会开心，生活中的一些小事根本就不值得太过计较。然而，生活中却有很多人习惯于斤斤计较，遇事就犯小心眼的毛病，结果无事常思有事，把自己的生活搞得一团糟。

气大伤身的道理可能很多人都懂得，可也总有一些人为一些小事不能自解。真是别人生气我不气，气出病来无人替。

李大妈早年丧夫、无儿无女，可能就是因为这个原因，李大妈的脾气暴戾、偏激、狂躁、喜怒无常。

老郑和老吴是李大妈的邻居。因为李大妈的极坏禀性，她和老郑、老吴的关系处得很别扭。老郑和老吴也因为有李大妈这样的邻居而沮丧不已。

但老吴和老郑二人的性格截然不同。老吴豁达开朗，凡事想得开；而老郑则有点心胸褊狭，爱走极端。因此，二人虽生活在同一个环境中，表现大不一样：老吴整天乐呵呵的，老郑却一天到晚板着脸，一副闷闷不乐的样子，好像谁借了他二斗陈大麦还了他二斗老鼠屎似的。

一天，李大妈的一只乌鸡不见了，她便在自家院里跳着脚骂："哪个老不死的，偷了我的乌鸡？谁偷了我的乌鸡断子绝孙，死时闭不上眼睛！"

骂声很大，邻居老吴和老郑都听见了。

老吴想："她没点名骂谁，咱也没干那亏心事。不做亏心事，

223

睡觉不关门，她爱骂骂去，与咱毫不相干。"仿佛没听见骂声似的。

而老郑则不一样。他想："这怕是冲我来的，这婆娘真没口德，开口闭口老不死的。哎，真气死我了！"老郑气得吃不下饭，睡不着觉，不几天便病倒了。

几天以后，李大妈在她家的草堆中发现了死鸡。原来乌鸡觅食钻到了草堆下面，它还没出来，李大妈便在外面放了一担柴火，把那个出孔堵住了，以致它饿死在里面了。

李大妈有些内疚，便找老吴和老郑道歉。

老吴听后说："我没什么，一点都没生气，你找老郑道歉去吧！"

李大妈极诚恳地向老郑做了解释和道歉。老郑听后，心中的怨气慢慢地消了，过了几天，就能起来行走，身体慢慢地恢复了。

"哎，都是自己小心眼造成的，咱要像人家老吴，还生哪门子气呢？"老郑这时才明白。

做人凡事都要看得开一点，斤斤计较就是在自找麻烦，一些小事根本就不值得太往心里去，如果像故事中的老郑那样总是为点小事计较，犯小心眼，那生活又怎么会有快乐可言！

小心眼的人，就是太在乎别人怎么说、怎么看，于是经常被一些不必要的事情烦扰，怕别人责怪而自责、怕别人取笑而自卑、怕难堪而自闭。

一位老人的笔记本上，记着这样一句话："不必在意别人是否喜欢你、是否公平地对待你，更不要奢望每个人都会等待你。"

某一天你突然发现王二对张三、李四很好，对你却不冷不热，可你想不出曾做错什么，想不出什么地方得罪了他。你不必惊慌，更不必烦恼，在一次次的自问和猜测间，你耗掉的是自己的时间，消磨掉的是自己的信心。其实，王二对你的态度并不能改变什么实质性的东西，或许本来就不是你的问题，你何必因此扰乱心理平衡呢？再仔细想想赵五不是对你很好而对别人冷冷淡淡吗？这样就够了。

　　不必在意别人冷漠的表情、窃窃的私语；不必费心去揣测、捉摸别人怎样待你、怎样评价你；不必在意微小的得失、过错或失败，那只是成长路上的一个小插曲。豁达一点，超然一点，平静喜悦地走过每一个日子，然后再回过头想想所经过的是非得失、喜怒哀乐、苦辣酸甜，你会发觉眼前突然变得明亮开朗，原来，生活还是充满了七色阳光。把时光留给自己，读自己喜欢的书，倾听迷人的音乐，到田野去走走……生命中值得留意的东西有很多，实在不值得你去关注别人的态度。

　　如果想活得开心、活得有意义，做人就不能太小心眼。不要过于计较小事，别太在意别人的看法，小心眼的习惯会让你的生活变成一片灰色，何不豁达一点呢，这样你会活得更轻松！

摆架子是在拒绝机会

有一个人，人品、学历、长相都没说的，就是有一点不好：好摆架子。无论做什么，他总给人一种高高在上的感觉，为了这个坏习惯，他可没少吃亏。上大学的时候，他有一个非常漂亮的女朋友，不过快毕业时分手了。其实两人也没什么太大矛盾，只不过女方嫌他太会摆架子：每次约会，他总要故意迟到几分钟，以显示自己的重要性；打电话时，他总要抢着先挂机；吵了嘴，他不去哄女朋友，反而要对方先开口……日子久了，女朋友就觉得烦了，尽管觉得他条件不错，但还是和他分了手。毕业后，他进入一家机关单位工作，工作稳定、薪水优渥、前程远大，但他在这里工作得却不太如意。领导和他接触了几次后，不高兴地说："他怎么这么硬气啊！和他在一起我都不知道谁是领导了！"同事们也不喜欢他，觉得他太爱摆架子，总是表现得生硬古板、飞扬跋扈。后来，这个人受不了单位的气氛，跳槽去了一家合资公司，听说干得也很不顺利。

一个人习惯于摆架子，结果到哪里都不被人接受和理解，如果不能克服这个坏习惯的话，他就永远不会受到别人的喜欢。生活中，好摆架子的人往往是失败者，他们总是抱着自己的优势不放，不懂得变通，不会抓住机会，所以，如果你有好摆架子的习惯，就要及早改正它，别让它成为你的绊脚石。

一天，原来在某公司担任部门领导职务的有才干的年轻人张松，因为和公司的副总发生了一点口角，突然辞职走了。王总经理得知他是被聘到一家酒店做经理，就决定亲自出马，找他回来。副总不同意，他觉得这样做太"跌份"了，王总却坚持要去。于是王总经理找到了那家酒店。原先的老板主动来喝酒，这使张松深感意外。但他想躲开已经来不及了，只好笑脸相迎，请王总喝酒，他在一旁陪着。

两个人细饮慢说，王总笑容可掬，情绪不错。他与这位过去的手下闲扯起一些一起创业过关斩将的往事，讲得眉飞色舞。随后，才谈到张松的近况，他兴致勃勃地问："很好吧？是不是干得很顺手？"张松当然要把其现状好好描绘一番：很受老板的赏识，当上经理以后，手下协作也不错，初步估算，在年内可以赢利 50 万元。一边说一边觉得很畅快。王总淡然一笑，说："四五十万吗？我认为太少了。""就这么个小小的酒店，一年赚这么多已经很不错了……"张松小声地说道。

王总一本正经地说："照我看，你的才能一年应该赚几百万，你太不自信了，在这个小地方藏不下你这条蛟龙，所以我看你在这儿是大材小用啊！还是回去跟我干，怎么样？"

张松感到非常意外："王总，你不是开玩笑吧？我刚出来，你还要我回去……"王总慢悠悠地说："我想问题和做事情向来都是认真的。至于你和副总的不愉快，我都知道了，他也很后悔，正盼着你能回去呢！"

张松为难地苦笑："我连公司的房子都退了，回去还有位

227

置吗?"

王总道:"你错了,我们公司的一贯做法是人走了房子留给他,你在小酒店里太屈才,所以留下这句话:你愿不愿来,我都等着你。"

张松决定回去,但他的朋友却对他说:"一会儿让你走,一会儿让你回去,你就那么好使唤吗?你怎么也得摆摆架子啊!"张松摇了摇头:"我不这样认为,回去确实有发展,这时候不能摆架子!"

张松果然返回公司,一年后,经过努力,为公司获利几百万,自己也成为了公司的副总。

在这件事情中,如果王总摆起领导架子,那自然就不会去找一名辞了职的员工,这样一来,他就失去了一名人才。人才流失就是财富流失,为了摆架子而失去财富就有点太不值了。而张松如果像他朋友说的那样端起架子,那他就是拒绝机会,所以好摆架子实在不是聪明人做的事。

做人千万不能养成摆架子的习惯,总是表现得居高临下会使你失去人们的信任。只有放下架子,真诚恳切,你才能得到他人的尊敬。

有些人习惯于摆架子,沉迷于自己的优势,不管是对自己还是对他人。这时候应该想一想,天底下和你处在同一位置的人还有很多,摆架子实在是一件很可笑的事。只有放下架子,正确地认识自我,才会品尝到生活的甜美与幸福,才会得到他人的欣赏与尊敬。

第七章

坚定信念

——扫清前进的障碍

别急着找盟友，尽管有的时候你很需要帮助。有人说："这个世界上没有永恒的朋友。"当双方在利益上有了分歧，谁能保证他不会成为"头号对手"的帮凶呢？为了将前进的障碍一扫而空，你必须养成只相信自己的好习惯。

缺乏自信的人不能安然面对任何人

自信是一切行动的原动力，没有了自信就没有了行动。我们对自己服务的企业充满自信，对我们的产品充满自信，对自己的能力充满自信，对同事充满自信，对未来充满自信。自己是将优良的产品推荐给我们的消费者去满足他们的需求，我们的一切活动都是有价值的。

人都有两个自我：一个在内，一个在外。有些时候，这两个自我是截然不同的。例如有些辩才无疑是社交老手，同时也可能是惧人症患者。就因为他惧怕人，所以才不断地提出话题而变得多辩。

比较倾向自我中心的人，在别人面前反而是动作频出的。因此，缺乏自信的人容易将别人看错。那种自我中心意识的人，因为在行动上违背了自己的本意，所以产生了心理上的紧张。然而，丧失自信的人却不能看穿对方的紧张。

固执的人有时在众人面前却非常地柔和。在众人所公认的"温和派"当中，确实有些是自我意识强、情绪激烈且又固执的人。

如果你现在正为丧失自己而烦恼，那么请你记住：自己所深以为敌的，很可能是自己的伙伴；而你一直觉得处处在保护你的人，却可能是压抑你的人。此外，在你心目中是自私任性的人，其实可能是感情丰富的；而你觉得热情的人，却也许是冷酷无情的。

这一切说明，你正为丧失自信而烦恼。然而拥有健全人际关系的人，很少会为丧失自信而苦恼。

我们要看清别人，必须先看清自己。而且，我们也必须明白：一个人的高傲自大，其实是他本身对人际关系的紧张所致。有些怕女人怕得要命的人，却经常能够和素昧平生的年轻女子喝茶聊天，并且怡然自得。

在看清别人，认识自己的同时，还必须正确地看清自己的人际关系。

缺乏自信的人总会为了讨人喜欢，而要求自己必须更好、更优秀才行。他们甚至主观地认为，实现这些要求，是自己在生存上所不可欠缺的。殊不知，那不过是主观上的需要罢了，在客观的情形下，大可不必如此，别忘了，越是处在歪曲的关系之中，就越不容易自拔。

"惩羹吹脍"是一句成语。"羹"是一种热的煮食；而"脍"则是把鱼切成薄片再放到醋里浸的食物。缺乏自信的人常把脍当作是羹，而在那儿吹个不停。这句成语是比喻疑惧过甚，而做出阿谀奉承的事。

缺乏自信的人，无论在任何人面前，都不能在心理上以安定、对等的立场和对方说话。

缺乏自信的人，动不动就在别人面前表现一副抬头挺胸的样子，好让自己受到别人的瞩目。

自卑感重的人，对于眼前有人正为内心的纠葛而痛苦不堪之类的事，是绝对不会察觉的。有一种人，就因为自卑感的驱使，而一直想向人显示自己的重要。然而，一旦这人连这点自信都丧失了，那么显示失败的结果，往往导致自己更加贬低自己，而去讨好别的人。

由此看来，自信，并不因为你想拥有自信的意志和愿望，就能让你拥有；就像有时候你有想睡的意志和愿望，却翻来覆去睡不着道理是一样的。

在职场上，很多销售人员自己都不相信自己的产品，又怎样说服别人相信自己的产品。很多销售人员不相信自己的能力，不相信自己的产品，所以在客户的门外犹豫了很久都不敢敲开客户的门。

如果你充满了自信，你也就会充满了干劲，你感觉到这些事情是我们可以完成的，是我们应该完成的。

成就事业就要有自信

李四光是一位卓越的科学家，地质力学的创立人。

在 20 世纪 20 年代之前，国际地质和地理学界长期流行一种观点，认为中国内地没有第四纪冰川。李四光想：外国地质学家并没有做过认真调查，凭什么说中国没有第四纪冰川？他不信洋人，1921年，李四光亲自到河北太行山东麓进行地质考察，1933年到1934年又到长江中下游的庐山、九华山、天目山、黄山进行考察，然后写出论文，论证华北和长江流域普遍存在第四纪冰川。1939年，他又在世界地质学会发表《中国震旦纪冰川》一文，用大量实证肯定中国冰川遗迹的存在，这对地质学、地理学和人类学都是一大贡献。

20世纪初，美国美孚石油公司，曾在我国西部打井找油，结果毫无所获。于是以美国布莱克威尔教授为首的一批西方学者就断言中国地下无油，中国是一个"贫油的国家"。

年轻的地质学家李四光偏偏不信这个邪：美孚的失败不能断定中国地下无油。他说，我就不信，油，难道只生在西方的地下？在这种强烈的自信心的支配下，他开始了30年的找油生涯。他运用地质沉降理论，相继发现了大庆油田、大港油田、胜利油田、华北油田、江汉油田。他当时还预见西北也有石油。今天正在开发的新疆大油田，也完全证实了他的预言。

李四光靠自信、自强彻底粉碎了"中国贫油论"。

世界上有一批虽身处逆境，但充满自信，自强不息，奋斗向上，最终获得辉煌成就的人。古希腊著名演说家德摩斯梯尼，原先患有口吃病，幼年结巴，语音微弱，演说时常被人喝倒彩。他始终对自己信心百倍，为了克服疾病，他每天清晨口含小石子，呼喊练习，终于成为口若悬河、辩驳纵横的演说家。

美国著名的女作家海伦·凯勒，幼年因病造成又聋又瞎。她自信自强，14岁攻克多种外语，通晓德、法、古罗马、希腊文学。20岁考入著名的哈佛大学。

德国著名天文学家开普勒，4 岁时出天花，留下一脸麻子的后遗症，后又患猩红热，高烧烧坏了眼睛，成了高度近视。他终生受疾病折磨。但他从未失去自信，在贫病交加中斗志昂扬 10 余年。建立了行星运动三定律，为牛顿发现万有引力打下基础。重要著作有《宇宙的神秘》、《哥白尼天文学概要》、《宇宙谐和论》等。

在逆境中不失自信，古今中外屡见不鲜。当一个人没有信心，就什么样的行动都做不出来，从而不想改变自己的生活环境，也不想去帮助其他的人。

不要眼睛只盯着事情的问题面来看，要去找出它的原因。不要忘了，今天所作的任何不起眼的决定，都会影响到我们未来的命运。此外也请记住，一切的决定都会有其结果，因此我们若不自己做主，而任由别人或环境来为我们做主，或者是连想都不想所作决定的后果，便贸然采取行动，那么很可能就会酿成滔天大祸。有时候我们所作的决定是为了避开一时的麻烦，结果却造成了长期的困扰，等到发觉事情不妙了，却跟自己说那个问题已是沉疴难起、病入膏肓、回天乏术。

当前我们所面对的许多问题都很棘手，大部分人都认为要想解决恐怕只有"超人"才有办法。这实在是错误的想法，我们要知道，人生乃是不断积累。在我们人生中所碰上的各样结果，事实上都是无数小小决定积累而成，那可能是你个人的决定，也可能是你的家庭、你居住的社区、你生活的社会乃至于你所属的国家所作的决定。一个人的成功或失败，绝不是因为他作出了石破天惊的大决定（也许它看起来像是如此），而是在于他每天所作的小小决定，以及根据这个决定所做出来的行动。

成就事业就要有自信，有了自信才能产生勇气、力量和毅力。具备了这些，困难才有可能被战胜，目标才可能达到。但是自信决非自负，更非痴妄，自信建立在崇实和自强不息的基础之上才有意义。

如何培养自己的自信心

在任何情况下，只要常用有价值的措辞或叙述法，则可以将同一个事实完全改观，驱除自卑感，而令人享受愉快的生活。

你是否注意到，无论在教学或教师的各种聚会中，后排的座位是怎么先被坐满的吗？大部分占据后排座位的人，都希望自己不会太显眼。而他们怕受人注目的原因就是缺乏信心。

坐在前面能建立信心。把它当作一个规则试试看，从现在开始就尽量往前坐。当然，坐前面会比较显眼，但要记住，有关成功的一切都是显眼的。

《物性论》一书的作者是古罗马大诗人卢克莱修，他奉劝天下人要多多称赞肤色黑黝的女人说："你的肤色如同胡桃那样迷人。"只要不断如此赞赏对方，那么，这位女人即使再三对镜梳妆，或明知自己的皮肤黑黝，也会毫不在乎。这样一来，她就能专心于化妆，而且总觉得自己不失为迷人的女性。

接着，卢克莱修奉劝我们不妨将"骨瘦如柴"改说为"可爱的羚羊"，把"喋喋不休"改说为"雄辩的才华"。不同的语言可将相同的事实完全改观，而且也给人以不同的心理感受。

练习正视别人

一个人的眼神可以透露出许多有关他的信息。某人不正视你的时候，你会直觉地问自己："他想要隐藏什么呢？他怕什么呢？他会对我不利吗？"

不正视别人通常意味着：在你旁边我感到很自卑；我感到不如你；我怕你。躲避别人的眼神意味着：我有罪恶感；我做了或想到什么我不希望你知道的事；我怕一接触你的眼神，你就会看穿我。这都是一些不好的信息。

正视别人等于告诉你：我很诚实，而且光明正大。我相信我告诉你的话是真的，毫不心虚。

把你走路的速度加快25%

当大卫·史华兹还是少年时，到镇中心去是很大的乐趣。在办完所有的差事坐进汽车后，母亲常常会说："大卫，我们坐一会儿，看看过路行人。"

母亲是位绝妙的观察行家。她会说："看那个家伙，你认为他正受到什么困扰呢？"或者"你认为那边的女士要去做什么呢？"或者"看看那个人，他似乎有点迷惘。"

观察人们走路实在是一种乐趣。这比看电影便宜得多，也更有启发性。

许多心理学家将懒散的姿势、缓慢的步伐跟对自己、对工作以及对别人的不愉快的感受联系在一起。但是心理学家也告诉我们，借着改变姿势与速度，可以改变心理状态。你若仔细观察就会发现，身体的动作是心灵活动的结果。那些遭受打击、被排斥的人，走路都拖拖拉拉，完全没有自信心。

普通人有"普通人"走路的模样，作出"我并不怎么以自己为荣"的表白。

另一种人则表现出超凡的信心，走起路来比一般人快，像跑。他们的步伐告诉整个世界："我要到一个重要的地方，去做很重要的事情，更重要的是，我会在 15 分钟内成功。"

使用这种"走快 25％"的技术，抬头挺胸走快一点，你就会感到自信心在滋长。

练习当众发言

拿破仑·希尔指出，有很多思路敏锐、天资高的人，却无法发挥他们的长处参与讨论。并不是他们不想参与，而只是因为他们缺少信心。

在会议中沉默寡言的人都认为："我的意见可能没有价值，如果说出来，别人可能会觉得很愚蠢，我最好什么也不说。而且，其他人可能都比我懂得多，我并不想让你们知道我是这么无知。"

这些人常常会对自己许下很渺茫的诺言："等下一次再发言。"可是他们很清楚自己是无法实现这个诺言的。

每次这些沉默寡言的人不发言时，他就又中了一次缺少信心的毒，他会愈来愈丧失自信。

从积极的角度来看，如果尽量发言，就会增加信心，下次也更容易发言。所以，要多发言，这是信心的"维他命"。

不论是参加什么性质的会议，每次都要主动发言，也许是评论，也许是建议或提问题，都不要有例外。而且，不要最后才发言。要做破冰船，第一个打破沉默。

也不要担心你会显得很愚蠢。不会的。因为总会有人同意你的见解。所以不要再对自己说："我怀疑我是否敢说出来。"

用心获得会议主席的注意，好让你有机会发言。

咧嘴大笑

大部分人都知道笑能给自己很实际的推动力，它是医治信心不足的良药。但是仍有许多人不相信这一套，因为在他们恐惧时，从不试着笑一下。

真正的笑不但能治愈自己的不良情绪，还能马上化解别人的敌对情绪。如果你真诚地向一个人绽露微笑，他实在无法再对你生气。

拿破仑·希尔讲了一个自己的亲身经历："有一天，我的车停在十字路口的红灯前，突然'砰'的一声，原来是后面那辆车的驾驶员的脚滑开刹车器，他的车撞了我车后的保险杠。我从后视镜看到他下来，也跟着下车，准备痛骂他一顿。"

"但是很幸运，我还来不及发作，他就走过来对我笑，并以最诚挚的语调对我说：'朋友，我实在不是有意的。'他的笑容和真诚的说明把我融化了。我只有低声说：'没关系，这种事经常发生。'转眼间，我的敌意变成了友善。"

咧嘴大笑，你会觉得美好的日子又来了。笑就要笑得"大"，半笑不笑是没有什么用的，要露齿大笑才能有功效。我们常听到："是的，但是当我害怕或愤怒时，就是不想笑。"当然，这时，任何人都笑不出来。窍门就在于你强迫自己说："我要开始笑了。"然后，笑。要控制、运用笑的能力。

怯场时，不妨道出真情，即能平静下来

内观法是研究心理学的主要方法之一，这是实验心理学之祖威廉·华特所提出的观点。此法就是很冷静地观察自己内心的情况，而后毫无隐瞒地抖出观察结果。如能模仿这种方法，把时时刻刻都在变化的心理秘密，毫不隐瞒地用言语表达出来，那么就没有产生烦恼的余力了。

例如，初次到某一个陌生的地方，内心难免会疑惧万分，这时候，不妨将此不安的情绪清楚地用语言表达出来："我几乎愣住了，我的心忐忑地跳个不停，甚至两眼也发黑，舌尖凝固，喉咙干渴得不能说话。"这样一来，不但可将内心的紧张驱除殆尽，而且也能使心情得到意外的平静。

不妨再举一个很实在的例子。有一个位居美国第5名的推销员，当他还不熟悉这行工作时，有一次，他竟独自会见美国的汽车大王。结果，他真是胆怯得很。在情不自禁之下，他只好老实地说出来了："很惭愧，刚看见你时，我害怕得连话也说不出来。"结果，这样反而驱除了恐惧感，这要归功于坦白的效果。

默念"我行！我能行！"

据美国心理学家奥尔波特的调查，在大学生中有90%以上的人有自卑心理。但是激烈的求职竞争需要自信，渴望成功需要自信。

鲁迅先生说过："一定要有自信的勇气，才会有创造的勇气！"发明创造也离不开自信。很多人想提高自己的自信心，但苦于找不到方法、技巧。下面为大家找几种方法，让大家建立起自己的自信心，驰骋职场。

默念"我行！""我能行"

为克服自卑心理，为树立自信心，心中默念"我行，我能行"。默念时，要果断，要反复，特别是在遇到困难时更要默念。只要你坚持默念特别是在早晨起床后，反复默念几次，在晚上临睡前默念几次，就会通过自我的积极暗示心理形成潜意识。有了这种潜意识，就会逐渐树立信心，逐渐有了心理力量。

多想高兴的事

每个人都有自己高兴的事，高兴的事就是你做得成功的事，那是你信心的源泉力量。每个人都有很多高兴的事，你多想你最得意、最成功的事。这样，你的自信心就会被激发出来。

面带微笑

没有信心的人，经常是愁眉苦脸、无精打采、目光呆滞。雄心勃勃的人，则多是神采奕奕、满面春风。人的面部表情与人的内心体验是一致的。笑是快乐的表现，笑能使人心情舒畅，振奋精神；笑能使人产生信心和力量。

学会微笑，学会在受挫折时笑得出来，就会增强信心。让自己对着镜子体验一下自然微笑的心理感受。方法很简单，但做起来确实有效果。当你逐渐养成了经常微笑的习惯，你就会觉得充满力量，充满了信心。

昂首挺胸

人在遭到挫折、气馁的时候，常常会垂头丧气。成功的人，获得胜利的人，则昂首挺胸，意气风发，昂首挺胸是富有力量的表现。

人的姿势与内心体验是相适应的，姿势的表现与内心的表现可以相互促进。一个人越有信心，越有力量，便昂首挺胸。反之，则垂头丧气。学会自然地昂首挺胸就会逐步树立信心，增强信心。

主动与人交往

见面主动与人打招呼，主动问候别人。按照常规，别人也会用问候回敬你，你问别人好，别人也会问你好；你对别人微笑，别人也会对你微笑。你和人在微笑的问候中，双方都会感到人间的温暖、人间的真情，这种温暖与真情，会使人充满力量，使人增添信心。

欣赏振奋人心的音乐

人们都有这样的情绪体验，当听到雄壮激昂的《义勇军进行曲》时，往往因受到激励而热情奔放，斗志昂扬；当听到低沉、悲壮的哀乐时，往往使悲痛、怀念之情涌上心头。

健康的音乐能调解人的情绪，陶冶人的情操，培养人的意志。当人受到挫折的时候，情绪低沉的时候，缺乏信心的时候，选择恰当的乐曲来欣赏，能帮助人振奋精神。军乐往往就有这种功能，它能激发人的情绪，使人充满激情。《义勇军进行曲》曾经使千千万万的中国人热血沸腾，精神振奋，为保卫祖国，流血牺牲在所不惜。

给自己一个最好的姿态，默念着"我能行"昂首阔步地驰骋职场，等待你的是不远处的成功。

微笑是自信的表露

如果缺乏自信时，一直做些没有自信的举动，就会愈来愈没有自信。

缺乏自信时更应该做些充满自信的举动。缺乏自信时，与其对自己说没有自信，不如告诉自己是很有自信的。为了克服消极、否定的态度，我们应该试着采取积极、肯定的态度。如果自认为不行，身边的事也抛下不管，情况就会渐渐变得如自己所想的一样。

有某一学生团体，提倡大学生每年选出一位最合乎现代且美丽的大学生，并且举办比赛。以下是那里的工作人员所说的。

他（她）们到各大学、到大街上，看到美丽的人，就把小册子拿给他（她）们看，请他（她）们参加这个比赛。从地方到中央，举办一次又一次各种比赛。然而，大家变得愈来愈美，简直让人看不出来。

那里的工作人员说："大概愈来愈有自信了吧！"这话完全正确。

因为"我要参加这个比赛"的这种积极态度，使这些人显得好美。"我要参加这个比赛"，这种肯定生活的态度产生自信，使这些人显得更美。

丹麦有句格言说："即使好运临门，傻瓜也懂得把它请进门。"如果抱着消极、否定的态度，即使好运来敲自己的门，也不会把它请入内。机会来临时，更应该抛开消极、否定的态度。

运气不仅来自于外，也来自于内心。类似"今天一整天都不说刻薄话"，这些事看起来容易其实不简单。但是，只要下定决心去做，就做得到。如果能在声音中表现得有笑容，那么人生就会一天天变得亮丽起来。因为，如果声音带着亲切的笑意，人们就会想和你交谈，然后因为和人接触而有精神起来。

电话交谈时，如果用有笑容的声音说话，对方听了舒服，自己也觉得快意。苦着一张脸或者冷言冷语地，不仅会让对方不舒服，自己也会不痛快。

用言语冲撞对方时，就是用言语在冲撞自己，自己对对方的态度同时也是对自己的态度。

我们应该像砌水泥一样一块一块砌起来，堆砌我们对人生积极、肯定的态度。

一次小成就会为我们带来自信。如果一下子就想做伟大、不平凡的事，就会愈来愈没有自信。

微笑是人际交往的润滑剂，人在微笑的时候最美。

你也许会因为去面试而紧张，回答考官的问题都东一榔头西一棒子，就更别说面部表情了，想一想那时的你是何表情，在考官的眼里这与微笑相比可是一个天上一个地下呀。

你会因为事情紧急而紧锁眉头、汗流浃背。这时候如果再让你保持微笑，你一定会说：都火上房了，还哪有时间管这个呀！其实你不明白一个道理，火上房了你抽抽着脸它也是上房了，微笑它也是上房了，还不如保持微笑，发动所有的人来救火更好！

微笑是一个人自信、和善、真诚友爱的表露。有许多人自然而然地在生活中学会了微笑，而有些人还需要练习微笑，要笑得自然大方，真心流露，不要虚情假意，不要苦笑、献媚地笑、奸笑。

微笑是一种品格，也是一种技巧，能成为巨大的能源、财富。也许你还没有养成微笑的习惯，那就马上去培养吧！

量力而行，做自己能做的事

如果过分自信就会显得一个人不真实，在职场中，如果你做不到的事情也自信满满地从老板手中接过，并且信誓旦旦地保证，这就是害了自己。一定要做自己做得到的事，量力而行。

重要的是，与其极欲恢复自我的形象，不如找出现在可以做的事。知道应该做的事，然后加以实行，就可以从自我的形象中获得解放。

总之，要试着记下马上可以做的事，然后加以实践，没有必要非是伟大、不平凡的行动，只要是自己能力所及的事就足够了。因为我们就是想一步登天，所以才找不到事做。

以下是一位摄影师的故事。

一次，这位摄影师出席某个聚会。前往酒会的途中，这位摄影师说："我戒酒了。"问他："什么时候开始的?"他回答："刚才我决定戒掉的。"他把烟、酒都戒掉了。大部分的人都会回答："待这次酒会过后"或者"这次酒会是最后一次"。

"永远"也是一小时一小时累积起来，因为抽掉一小时，也就没有永远了。

试着制作两张卡片，一张写上"Go ahead!"（做吧），另一张写上"待会儿再做"。把这两张卡片随身带着，当自己不太有自信时，抽出其中一张。这时应该抽出写着"Go ahead!"那张。

我们可以在背面先写上"要有自信"。

当自己不知道要不要做时，务必抽出这张卡片。因为今天关系着第二天，今天可以动手做的事如果没有动手做，明天再要动手做就会变得更加困难。

跑马拉松，因为身体会疲倦，所以我们不可能每超越一根电线杆就更有动力。但是，只要不完全是肉体上的操劳，一次一次地达成目标会带给人更多的动力。所以，应该把大目标分成几个小阶段来达成。每达成一个阶段，都会产生新的动力。然后就会激发达成终极目标所需要的动力。心想："大概很难吧！"然后陷入忧郁的人，一开始就被目标屈服了，而且，这些人会立一个自己做不到的目标，可见他们内心已经扭曲。

一个健全的灵魂，会向往自己能够做到的事。

心智发育未成熟的人，会不断采取非常强烈的自我中心的态度。这种表现型、以自我为中心的人一旦订立目标，一定是立刻吸引众人注意的那个目标，然后，因为执着于那个目标，而迷失了此时此地自己应该做的事，到了最后就是独来独去，标新立异。年轻时候喜欢标新立异的人，老了以后往往抑郁度日，就是这个缘故。年轻时无法克服自我表现、自我中心的个性，到上了年纪，就成了忧郁症。

职场上无时无刻不充满着激烈的竞争，要在职场上成功生存下去自信必不可少。有了自信，我们就能够抓住可以展示自己的机会或是良好的机遇，而没有自信的人，尤其是以职场新人为主，往往不敢面对失败，总是不由自主地选择逃避，只会盯着自己的缺点和失败不放手，因此也难以有所成就。可是自信过度，承担自己力所不能及的事情，就会毁了自己的前途。所以说，正确把握自信心很重要，充满自信，量力而行，做自己能做的事。

深信"天生我才必有用"

　　每个人必须接受命运的安排。天赋固然可以通过教育、练习与专注来强化，但先天心理与心理上的限制却不容忽视，否则会很危险。

　　其实强化天赋只是事情的一半而已，而且是较容易履行的一半。要确定某个人才在何处，其实很困难！

　　运动员很早就会发现自己跑得比别人快，跳得比别人远，几乎从小就不同凡响，被发掘后尤其是在教练的指导与琢磨下，进步更快。但大多数人很少有特别突出的才能，多半是同时具有多方面的能力，却没有一样一枝独秀。

　　不论决定从事哪一行，如果你本身令人失望，或个人表现欠佳，那么就要勇敢地放弃一切，重新再来！

　　有个男孩子，从小就是一个讲究平衡发展的学生。他每一科成绩都维持中上，运动也在行，但称不上明星球员，颇有创作天分，但若要做个真正的艺术家，却不怎么热衷，在考大学时，语文成绩几乎与数学成绩不相上下。

　　在他大一时，所选的全是科学课程，还打算主修理论物理。他那望子成龙的父亲是个很实际的人，他说，学物理可以，但是理论两个字要去掉。

　　一年后，男孩发现，物理学动人之处在于抽象的部分。

父亲的忧虑没维持多久，男孩到了三年级又有了新想法，他虽喜欢数学的井然有序，但受不了那冷冰的感觉。于是又决定改攻艺术。这时，素来忠实的父亲禁不住自问："我们到底是哪里错了？"

好不容易，钱也花了，时间也付出了，这位年轻人终于达到目标，做了建筑师，从此再也未改变过志向，而且做得有声有色。

虽然他的父亲曾一度绝望，认为这个男孩怎么都不成才，但事实上，这个孩子行动大胆而明智，他好不容易发现自己真正的性格与才华，然后选定一个行业，从一而终。

物理学告诉他物理结合的原理。数学给他度量与秩序感，艺术则造就他的眼光与灵巧的双手。

每当学生们忧虑地问：如果 16 岁尚未决定将来是否要学法律，或者在大一未修完企业管理研究所必备的学分，这一生是不是就没指望了？其实，这些忧虑事实上是杞人忧天，因为根本没有人能在十六七岁做好决定，为自己的一生订好方向，即便勉而为之，也是利少弊多。

拿破仑说，"不想当元帅的士兵不是好士兵"，这成了激励人的名言。我们也应该明白，才能和成功是两回事，不能在它们之间画等号。

我们要成功，不仅要有才能，还要学会如何运用才能。正是因为不会运用才能，众多高学历的人空守着五斗才富，却只能喊：伯乐难求，怀才不遇。

其实，只有自己才是你的伯乐，做自己生命的主人，别人无法让你成功，只有自己才能让自己成功。

就是现在，来拓展自己的人生吧！让自己这块大才尽情在自己的职场蓝图上挥洒汗水。

自我激励是人生中一笔弥足珍贵的财富

工作中，我们难免会碰到困难，遇到挫折，而且你并不总能幸运地得到别人的帮助，因此，你一定要学会自我激励，只要你不放弃自己，那就永远不会真正地失败。

中古时期，苏格兰国王罗伯特·布鲁斯曾前后10多年领导他的人民，抵抗英国的侵略。但因为实力相差悬殊，6次都以失败告终。

一个雨天，战败后的他悲伤、疲乏地躺在一个农家的草棚里，几乎没有信心再战斗下去了。

正在这时候，他看到草棚的角落里，有一只蜘蛛在艰难地织网，它准备将丝从一端拉向另一端，6次都没有成功。然而这只蜘蛛并没有灰心，又拉了第7次，这次它终于成功了。

布鲁斯受到了极大的启发，"我要再试一次！我一定要取得胜利！"

他以此激励自己，重新拾起自信心，以更高涨的热情领导他的人民进行战斗。这次，他终于成功地将侵略者赶出了苏格兰。

苏格兰国王从一只小小的蜘蛛身上，看到再度奋起的勇气，并以同样的方式激励自己，在再试一次中实现了自己的理想。

自我激励是人生中一笔弥足珍贵的财富，在人生的前行中能产生无穷的动力。一旦你拥有了自我激励的动力，你就给生命插上了美丽的翅膀。它将带着你展翅翱翔，创造属于你自己的人生辉煌。

从某种意义上说自我激励就是自我期待。人们激励自己的目的，就是为达到所期待的目标。

走进美国航天基地的人，会看到一根大圆柱上镌刻着这样的文字：IF you can dream it, you can do it. 这句话可译为：如果你能够想到，你就一定能够做到。

不错，想得到便做得到。一个心存梦想的人便是一个自我期待的人。

能够自我激励的人，首先就是一个能自我约束、自我了解的人。他能够在逆境中从容面对一切，鼓励自己，激发自己，让自己能够适时忍耐，在黎明到来之前做好充分的准备。

英国诗人拜伦在上阿伯丁小学时，因跛足很少运动，身体虚弱，走路都困难。

一天，几个健壮的同学在操场上踢足球，拜伦在旁边出神地观看。他有惊人的想象天赋，边看边在自己的脑海里想：自己该怎样拦截、抢球、射门，脸上不时呈现出紧张、惋惜、欣喜的神色。就在他自我陶醉的时候，健壮而顽皮的同学郎司拉他去踢足球。拜伦不肯，郎司眼珠一转，想出了个坏主意。他恶作剧式地找来一只篮子，强迫拜伦把一只脚放进去，"穿"着这只篮子绕场一圈。当时拜伦真想扑上去打郎司一拳。但他怎么打得过高大健壮的郎司呢？无奈只好忍气吞声地把竹篮穿在脚上，一瘸一拐地绕操场走起来。同学们看了笑得前仰后合，郎司更是开心得双脚在地上跳。

但这次当众受辱的经历彻底改变了拜伦日后的命运。他意识到一切不公都来自于自己的体弱。从那以后，他激励自己，在别人嘲笑他的时候，他会在心里暗暗较劲。后来，这个意志坚强的人刻苦参加各项运动。一年半以后，他的体质明显增强了，手臂上的肌肉也凸了起来。在球场上，他能像三级跳远的运动员那样连续不断地飞跑。不久，他参加了学校运动会，恰巧他在拳击比赛中与郎司相遇，激战相持了很久，最后，拜伦一个勾手拳，击中郎司下巴，把他打倒在台上。观众为拜伦的意志、力量和永不服输的精神深深感染，他们欢呼着将拜伦抛向空中。

有一句俗语，人生都是三节草，三穷三富过到老。既然人生还有希望，任何人在困难的时候都应自我激励。

你距离真正的成功还有一段距离

不得不承认，人与人之间是有很大差距的，从智商、从口才、从容貌，等等。就算在某些事情上你可能做得比你的朋友好，但他比你聪明却是不争的事实。这个时候打退堂鼓沮丧失望

251

可不是什么办法。你应该做的是，正视人与人之间的差距，努力把这种压力负担起来，并让它成为促进自我发展的一种积极心态。你要大声喊出：天生我才必有用！邓亚萍是我国乒坛乃至世界乒坛上的神奇选手。自她1986年13岁那年拿到第一个全国乒乓球锦标赛冠军开始，到1997年5月的第44届世界乒乓球锦标赛，在短短的11年间，他一共获得153个冠军。这不但在中国乒坛，而且在世界乒坛史上都写下了光彩的一页，所有专业人士都声称她是个几千年才出这么一个的超级天才。

在邓亚萍小的时候，为了培养她成才，父亲曾将她送到河南省乒乓球队去深造。然而，去后不久便被退了回来，其理由是个子矮，手臂短，没有发展前途，这在少年邓亚萍的心灵上留下了一道深深的伤痕。令人欣慰的是，在父亲的鼓励下，倔强的邓亚萍并未因此一蹶不振，为了弥补自己与条件优秀的运动员之间的差距，为了改变同伴嘲笑的眼神，她练得更加刻苦。可以这样说，是她本身的不足，成就了乒坛"大姐大"。和人一比较，任何人都能看到自己的差距所在，即使你只比姐妹重了0.5公斤。在人们成长的道路上，更不可能是一帆风顺的，总免不了要经受各种讥讽和困难，"艰难困苦，玉汝于成"，"宝剑锋从磨砺出，梅花香自苦寒来"，这些都是许许多多成功人士的经验总结。

哲学家们说得好，你听到的一切并不完全正确，也不要因他人成功的议论而鄙视、否定自己，否则就会陷入自卑的"心灵监狱"。深陷其中的人认不清自己身上蕴藏着无穷无尽的潜力，心绪萎靡，不知不觉中成了失败的奴隶。

其实，与其让差距消耗掉你最后一点勇气和自信，倒不如正视它，并把它当作人生奋进的一种积极压力，这种自卑情绪所产生的动力要远比本身的优势更具有强大的效果！现在，就让我们学会自我激励的有效步骤吧！

1. 大哭一场

专家都说伤心一阵子很有作用。当我们正视自己的弱点时请尽情流泪吧。这并不可耻，流眼泪不只是伤心的表现，而且是悲哀或感情的发泄。

即使悲痛在伤心事发生后一段时间才显露出来，也没有关系，只要能发泄出来就行。

2. 写日记

许多人把遭逢不幸之后的平复过程逐一记录下来，从中获得抚慰。此法甚至可以产生自疗作用。

3. 安排活动

要想到人生中还有你所期盼的事，这样想可以加强你勇往直前再创造前途的态度。不妨现在就开始为改变你的弱点做准备。

4. 学习新技能

当你发现弱点难以弥补时也不用沮丧，找个新嗜好，比如可以学打球。你可以有个异于往昔的人生，可以借新技能赢取你崭新的人生。

5. 奖励自己

在极端痛苦的时刻，在艰苦的奋斗之路上应把完成每一项工作（不论多么微不足道）都视为成就，奖励自己。

我们应该学会和差距过过招，在我们得意忘形取得成绩时，在我们失意痛苦、一蹶不振时，要提醒自己：你距离真正的成功还有那么一段距离呢！为什么要让情绪威胁到你为成功所做出的努力和奋斗呢！这样的话，你还来不及骄傲和消沉就又开赴成功的战场了！

保持自信的神色

无论你内心感觉如何，你都要摆出一副赢家的姿态。就算你落后了，保持自信的神色，仿佛成竹在胸，会让你心理上占尽优势，而终有所成。两个国家因边境问题发生冲突，强国首相接见了来访的小国大使。小国大使的话充满了威胁："让步吧！我们兵强马壮，惹我们的人没好下场。"强国首相哈哈大笑："我们要比你们强大 100 倍。"

小国大使仍不示弱，继续恐吓对方："我国有 25000 人的精良部队，能够占领贵国。"

强国首相大笑："我们拥有的军队，人数多过你们 100 倍。"

谈判至此，小国大使的慌张神色，表示必须先向国内请示之后，方能再继续谈下去。

当双方再度展开谈判时，小国大使的态度有了 180 度的转变，趋向妥协，转为向大国求和。

强国首相诧异对方的改变，以为小国受到己方国力强盛的震慑，故而细问小国大使求和的原因。

小国大使神色自若地回答："不是我们惧怕你们的兵力，而是我们的国土太小，实在容纳不下 250 万名的战俘。"这个故事看起来有点可笑，但从小国大使的身上你却更能够看到一种姿态，一种必胜的姿态。

有自信的人，从未想过失败。即使是像这个小国，实力如此薄弱，却依然考虑的是战胜后，狭窄的国土是否容纳得下为数众多的战俘。谁说弱者必败？

对自己有绝对信心的人，可以克服任何的困难与挫折。他们的眼光，只定位在成功的一方；信心正确地引导着他们，一路披荆斩棘，奋勇直前。

有这样一个小故事：在一个王国里，有位大臣特别聪明，而这位大臣也因他的聪明，受到国王格外的宠爱与信任。

这位聪明的大臣不论遇上什么事，总是愿意去看事物好的那一面，因此，别人给了他一个雅号"必胜大臣"。

国王热爱打猎，有一次在追捕猎物的过程中，弄断了一节食指。国王剧痛之余，立即召来"必胜大臣"，征询他对这件断指意外的看法。

"必胜大臣"仍本着他的作风，轻松自在地告诉国王，这应是一件好事。

国王闻言大怒，认为"必胜大臣"在嘲讽自己，立时命左右将他拿下，关到监狱里待斩。

"必胜大臣"听后，笑着说："您不敢杀我，总有一天您还得把我放出来。"国王听了怒色道："来人，给我拉出去斩了。"但想一想道："先押入死牢。"就这样"必胜大臣"被关到死牢。

国王的断指痊愈之后，忘了此事，又兴冲冲地忙着四处打猎。却不料带队误闯邻国国境，被丛林中埋伏的一群野人活捉。

依照野人的惯例，必须将活捉的这队人马的首领献祭给他们的天神，于是便抓了国王放到祭坛上。正当祭奠仪式开始，主持仪式的巫师突然惊呼起来。

原来巫师发现国王断了一截食指，而按他们部族的律例，献祭不完整的祭品给天神，是会受天谴的。野人连忙将国王解下祭坛，驱逐他离开，另外抓了一位同行的大臣献祭。

国王狼狈地回到朝中，庆幸大难不死，忽然想到"必胜大臣"曾说过的话，立刻将他从牢中释放，并当面向他道歉。或许在许多时候你的实力很差，地位很卑微，或者票子很少，但无论如何信心不能少。只要你坚持真理，那么不但能够给自己平添许多勇气，还能够震慑你的对手。

第八章

奋起拼搏

——不让对手阻碍你成功

昨天的成败只属于昨天，关键是今天你应该怎样应对。面对这个"头号对手"，你必须选择奋起拼杀，决不能让失败的过去阻碍你成功。告诉自己，你是最棒的，你一定能战胜让你困扰已久的对手。

坚持能把幻梦化为实际

"坚持"是房地产大亨唐瑞德·特朗普彗星般崛起的主要原因，也是棒球全垒打明星贝比·鲁斯列入棒球名人堂的推动力量。有了坚持便可以解决问题，有了坚持便能带来无穷的机会与快乐，它是一种能把幻梦化为实际的神奇力量，是使无形转变为有形过程的催化剂。

当你明白了坚持的真义，便会晓得这样的力量、这样的能力早就蕴藏在自己的身上，它不是少数那些有财、有势、有背景之人的专利品，而属于所有的人，不管达官显贵还是贩夫走卒。当你手握本书时就可以支取这个力量，只要你敢于拿出主见。

请问你今天是否愿意为自己的未来作个决定，并且为这个决定坚持不懈？

让我们来回想一位极令人敬佩的年轻女士，她的芳名是罗莎·帕克斯，于 1955 年的某一天，她在亚拉巴马州蒙哥马利市搭乘公车，理直气壮地不按该州法律规定让位给一位白人。

她这个不服从的举动引起轩然大波，招来白人强烈的抨击，然而却也成为其他黑人效法的榜样，结果掀起了随后的民权运动，使美国人民的良知普遍觉醒，为平等、机会和正义重新界定出不分种族、信仰和性别的法律。罗莎·帕克斯当时拒绝让位，可曾想过自己会遭遇什么样的后果？她是否有什么能够改变现有社会结构的高明计划？我们不知道，然而我们相信，她对这个社会抱有更高期许的决定，促使她采取这种大胆的行动。谁能想到这个弱女子的决定，却给后人带来如此深远的影响！

看了上面这段事迹你或许会说："我也希望能作那样的决定，可是我的命运这么悲惨，又能有什么办法？"

如果你这么自怜，那么再跟你说说艾德·罗伯茨的例子。

艾德是一个很"平凡"的人，14岁时因感染小儿麻痹症而致颈部以下瘫痪，得靠轮椅才能行动，然而他却因此而有不平凡的成就。他使用一个呼吸设备，白天得以过正常人的生活，但晚上则有赖"铁肺"。得病之后他曾几度几乎丧命，不过他从不为自己的不幸伤心难过，反而自勉能有朝一日帮助相同的患者。

你知道他是怎么做的吗？

他决定教育社会大众，不要以高高在上的姿态认为肢体残疾的人无用，而应顾及他们生活中的不便处。在他过去15年的推动下，社会终于注意到了残疾人的权利，如今各个公共设施都设有轮椅专用的上下斜道，有残疾人专用的停车位，帮助残疾人行动的扶手，这都是艾德的功劳。艾德·罗伯茨是第一个患有颈部以下瘫痪而毕业于加州大学柏克莱分校的高才生，随后他又任职加州州政府复建部门的主管，也是第一位担任公职的严重残疾人士。

上述艾德·罗伯茨的事迹是一个极佳的例子，说明肢体上的不便并不能限制一个人的发展，重要的是他是否决定要结束这样的不便。他的一切行动只不过源自于一个单纯但有力量的决定，如果换成你，打算为自己的人生作出什么样的决定呢？

有很多人或许会说："好吧，我也愿意为将来作个决定，问题是我不知道怎么做。"只因为害怕不知道方法便不敢下决定，往往会失去实现美梦的机会，结果一生便过得平淡乏味、无声无息。不知道怎么作决定并不重要，重要的是你要决心找出一个办法来，不管那是个什么样的办法。在《激发无限的潜力》一书中介绍了"必定成功公式"，它指出了成功的基本步骤有四点：第一，决定你所要追求的是什么；第二，拿出行动来；第三，观察一下哪个行动管用，哪个行动不管用；第四，如果行动方向有偏则修正之，以能达到目标为准。

当你决定要作出某种"结果"，这就会带来一连串的行动，你要从中学习，适时地改变做法，直到得到所要的结果。只要你真有心想做出一番成绩，就必然能从行动中找出怎么去做的方法。

用积极的心态去思考问题

有一位老师，他带领的班级在学校所有的竞赛中总是名列前茅，有人向他取经，他走到黑板前写下两个大字："不能。"然后问全班同学："我们该怎么办？"

学生们马上高高兴兴地大声回答："把'不'字擦掉。"

是的，这就是答案，擦掉"不"字，"不能"就变成"能"了。

不仅仅是这些学生，即使我们也需要这样的教导，我们必须随时提醒自己，把"不"字去掉，只要"能"，这就是我们获胜的秘诀。如果"不能"这个词在心中扎根，最终你会发现，即使是你擅长的事业，也会在激烈的竞争中败下阵来。

15岁的男孩安泰在报上看到招聘启事上有一份适合他的工作，欣喜不已。第二天安泰准时前往应征地点时，发现应征队伍中已排了十几个男孩。

如果换成一个认为"不能"的男孩，他可能会因此而转身离去。但是安泰却完全不一样。他认为自己需要这份工作，并且能够把它干好，那么接下来便是动脑筋，打败前面的应征者。他在一张纸上写了几行字，然后走到负责招聘的秘书面前，很有礼貌地说："小姐，请你尽快把这张便条交给老板，这件事很重要，谢谢你！"

秘书不无欣赏地看着安泰，因为他看起来精神愉悦、文质彬彬。也许别人她可能不会放在心上，但是这个男孩不一样，她不愿意拒绝他，所以她立刻将这张纸交给了老板。

纸条上面是这样写的：

"先生，我是排在最后的男孩。在见到我之前请不要做出任何决定。"结果，安泰成功了。

事实上，他没有理由不成功，虽然他年纪很小，但是他知道如何去想，有能力在短时间内抓住问题的核心，然后运用智慧解决它，并尽力做好。

一个人生活在世上，要面对的东西有很多，烦恼、朋友、对手……在对外界事物应对自如的时候，我们往往忽略了一个最重要的对手——自己。于是有了这样一个难题：有人能轻易打败对手，却不能战胜自己。

有这样一个故事：

一个小和尚为了让寺里的伙食更丰盛，每天从树林里采来许多香菇。湿的香菇不易保存，要摊在地上晒干再收藏。一天，他正在太阳底下暴晒采回来的香菇，师父走了过来。

"晒干之后，装进袋子。"师父说。

"知道了。"小和尚边干活边应答着，觉得师父过于操心了。

一连几天太阳都很好，香菇干得很快。小和尚正在装袋时，师父又来了。

"不要全装进一个大袋。多分几个小袋子，封紧了，别透气！"师父叮嘱道。

"知道了！"小和尚带着几分不耐烦的口气答道，心想，师父真是多事！但他还是一包包地装好，并没有半点怨言。

野生的香菇特别香，炒青菜时丢进几个，味道别提多好了，到院里用斋的施主和其他的师兄师弟无不称赞。

第一包香菇用完了，小和尚打开了第二包，发现香菇里长满了小虫，不能吃了！他很着急，赶快向师父报告。

"别急。你先把这包扔掉，打开别的包看一看，这包不能吃，别的包说不定能吃。"师父说。

小和尚紧张地打开那些包，高兴地笑了。

"这回你知道我为什么让你分开密封了吧。"师父摸着小和尚的头说，"你以为画板是保护画的，岂知板子也伤了画；你以为袋子是防外面的虫咬香菇，岂知香菇里原来就可能有虫。于是那保护它不受外界侵犯的，反过来保护了外界不受它侵犯。"师父接着语重心长地说："我们总怕别人会害自己，其实害自己的不一定是别人，也许是自己！我们应该常常理清自己的心虫，别让它偷偷啃食我们的心，或飞出去伤害别人。"

当我们用警惕的眼神去注视别人，用猜疑的思想去怀疑别人，用谨慎的行动去处理事情时，我们能很好地保护自己，但有时仍然会感到受了伤害。如果排除一切外界因素，还找不到受伤根源时，那就很可能是自己伤了自己。

一个人的一生中难免遇到各种各样的问题。当你遇到问题时，运用积极的心态去思考非常关键。如果你渴望成功，就必须调整心态，要积极但不忘谨慎。能不能巧胜对手，脱颖而出；能不能战胜自己，驱除心魔，都直接取决于我们能不能把否定思维转化为肯定思维。

成功，就看你有没有顽强的毅力

每个人的成功都与他坚持不懈的努力分不开。高智商不是成功的唯一条件，有毅力才是！有创造力的人不一定是最聪明、最具有高等学历的人，却是最能吃苦、坚韧不拔的人。坚韧不拔是所有成功人的特质。

1995 年，傈贵祥还是个二十几岁的小青年，在此之前他做过豆腐，卖过成衣，直到有一天，他和朋友到他表哥家看见了朋友的表哥培育小鸡，觉得是一条不可多得的致富道路，回去就琢磨怎么能使朋友的表哥把技术传授给自己。在他朋友的帮助下，朋友的表哥被他的真诚所感动，就决定将技术传授给他，半年之后，他就自己搞了个简易的孵化棚，第二批小鸡出售后他就还清了所有的债务。一年之后，他摘掉了贫穷的帽子，在村头立起了第一家贴满陶瓷的小洋楼。以后几年他的资产一直往上飙，成了镇上的首富，成了先进代表的企业家。风光没多久，一次红白病中，鸡全部倒下了，亏了 100 多万。为了加强技术管理，傈贵祥看了很多关于养鸡的书籍，可不知怎的，尽管他的技术提高了，可鸡就好像是跟其作对似的，健健康康的鸡整天就像是没吃饱、没喝足似的无精打采，就是专业人士也找不出原因。他看见孵化鸡的大势已过，又办起了养猪场，辛辛苦苦地养了大半年，就在准备出栏的那个月却因痢疾 30 头肥肥胖胖的猪就死了 22 头，剩下的 8 头只能亏本销售。

他又在媳妇的建议下，改种玉米。优质的玉米虽然销量很好，可劳力大，而收入不高，所以他决定另找出路。后来，他觉得收废品是不错的生意，就进入收废品的行列，几年下来就达到了千万身价。

成功不但要有毅力，最重要的是心理的承受能力。想成功，聪明的头脑很重要；正确的判断很重要；是否拥有高情商很重要；但坚韧不拔的毅力、学力以及优良的品质更为重要。

蓝赞也是这样有惊人毅力的人。他先是做画眉鸟，他买的第一只画眉鸟，就为他赚了 40 万元人民币，可后来运到台湾地区的二十几只画眉鸟，一只也没卖出去。此后又在贵州投资开了个专卖台湾服装的小店，衣服虽然漂亮，但由于价格方面人们接受不了，结果亏本。老婆没有工作能力，女儿也没长大，在种种压力下，蓝赞决定不成功就不回家。他冲破了阻力把自己的祖屋卖了，盘下一大楼做德克士快餐，开业当天营业额竟然超过 10 万元人民币，一个月的营业额就达到 300 万元人民币。他趁热打铁，先后在贵州、遵义、六盘水等地开了十几家德克士，不到两年的时间他基本赚得上亿资产。

　　成功从来都不是一蹴而就的，必须经过千锤百炼，饱经风霜，只有如此人们才能真正地体会成功的喜悦。

不要忘记自己努力想达成的目标

　　战胜犹豫不决心态的方法其实很简单，那就是始终把握自己的目标，这样你就会坚定地向着一个方向努力。

　　有位哲学博士一天漫步于田野中沉思，发现水田中新插的秧苗，竟排列得如此整齐，犹用尺丈量过一般。

　　他不禁好奇地问田中工作的老农是如何办到的。

　　老农忙着插秧，头也不抬地回答，要他自己取一把秧苗插插看。

博士卷起裤管，东张西望地插完一排秧苗，结果竟是参差不齐，不忍卒睹。

他再次请教老农，如何能插一排笔直的秧苗，老农告诉他，在弯腰插秧的同时，眼光要盯住一样东西，朝着那个目标前进，即可插出一列漂亮的秧苗。

博士依言而行，不料这次插好的秧苗，竟然成了一道弯曲的弧形，划过半边的水田。

他终于虚心地请教老农，老农不耐烦地问他："你的眼光是否盯住一样东西？"

博士答道："是啊，我盯住的是田边吃草的那头水牛，那可是一个大目标啊！"

老农说："水牛边走边吃草，而你插秧苗的时候目标也跟着移动，你想，这道弧形是怎么来的？"

博士恍然大悟。这次，他选定远处的一棵大树。果然，插成了一列漂亮的秧苗。

成功如同要插出一列漂亮的秧苗，在插之前便应该树立一个不变的目标，向着一个方向努力，自然插得又快又好。生活中也是这样，如果没有目标，做起事来就会犹犹豫豫难以成功，不但浪费了时间，还无法达成自己的目标。

拿破仑·希尔曾讲过这样一个真实的故事。

1952 年 7 月 4 日清晨，加利福尼亚海岸笼罩在浓雾中。在海岸以西 21 英里的卡塔林纳岛上，一位 34 岁的女人走入太平洋中，开始向加州海岸游过去。要是成功了，她就是第一个游过这个海峡的妇女，这名妇女叫费罗伦丝·查德威克。在此之前，她是从英法两边海岸游过英吉利海峡的第一个妇女。那天早晨，海水冻得她身体发麻，雾很大，她连护送她的船都几乎看不到。时间一个钟头一个钟头过去，千千万万人在电视上看着。在以往这类渡海游泳中，她的最大问题不是疲劳，而是刺骨的水温。

15个钟头之后，她又累，又冻得发麻。她知道自己不能再游了，就叫人拉她上船。她的母亲和教练在另一条船上。他们都告诉她海岸很近了，叫她不要放弃。但她朝加州海岸望去，除了浓雾什么也看不到。

几十分钟之后，从她出发算起15个钟头零55分钟之后，人们把她拉上船。又过了几个钟头，她渐渐觉得暖和多了，这时却开始感到失败的打击，她不假思索地对记者说："说实在的，我不是为自己找借口，如果当时我看见陆地，也许我能坚持下来。"人们拉她上船的地点，离加州海岸只有半英里！后来她说，令她半途而废的不是疲劳，也不是寒冷，而是因为她在浓雾中看不到目标。查德威克一生就只有这一次没有坚持到底。

两个月之后，她成功地游过这一海峡。她不但是第一位游过卡塔林纳海峡的女性，而且比男子的纪录还快了大约两个钟头。

人所犯的最危险的错误之一就是忘记自己努力想达成的目标，在取舍之间犹豫不决，到头来空忙一场，除了遗憾没有任何东西值得回忆。

再困难的事情也会有一丝成功的希望

很多时候，人们没有取得成功是因为对自身缺少信心、勇气，难以决断，其实，只要你鼓起勇气去尝试一下，就会发现成功其实很简单。

有一个国王，他想委任一名官员担任一项重要的职务，就招集了许多威武有力和聪明过人的官员，想试试他们之中谁能胜任。

"聪明的人们，"国王说，"我有个问题，我想看看你们谁能在这种情况下解决它。"国王领着这些人来到一座大门——一座谁也没见过的最大的门前。国王说："你们看到的这座门是我国最大最重的门。你们之中有谁能把它打开？"许多大臣见了这门都摇了摇头，一些比较聪明一点的，走近看了看，犹豫了半天还是没敢去开这门。这时一位大臣走到大门处，仔细检查了大门，用各种方法试着去打开它。最后，他抓住一条沉重的链子一拉，门竟然开了。其实大门并没有完全关死，而是留了一条窄缝，任何人只要仔细观察，再加上有胆量去试一下，都会把门打开的。国王说："你将在朝廷中担任重要的职务，因为你不光限于你所见到的或所听到的，你还有勇气靠自己的力量冒险去试一试，而不是犹豫不决，畏缩不前。"

生活就是这样，在你犹豫不自信的时候往往就很容易错失了许多本来可以成功的机会。只要对自己有一点点信心，毫不犹豫地去做，成功就可成为事实。许多人很聪明，条件也完全具备，却一生庸庸碌碌地活着，其实就差一点尝试的勇气和果敢。

　　汤姆·邓普西生下来的时候，只有半只脚和一只畸形的右手。父母一直鼓励着他，并且从来不让他因为自己的残疾而感到不安。结果，任何男孩能做的事他也能做，如果童子军团行军10里，汤姆也同样走完10里。

　　后来他踢橄榄球，能把球踢得比任何在一起玩的男孩子都远。他要人为他专门设计一只鞋子，参加了踢球测验，并且得到了冲锋队的一份合约。

　　但是教练却尽量婉转地告诉他，说他不具备做职业橄榄球员的条件，并请他去试试其他的事业。最后他申请加入新奥尔良圣徒球队，并且请求给他一次机会。教练虽然心存怀疑，但是看到这个男孩这么自信，对他有了好感，因此就收下了他。

　　两个星期之后，教练对他的好感更深，因为他在一次友谊赛中踢出55码的好成绩。这种情形使他获得了专为圣徒队踢球的工作，而且在那一季中为他的队赢得了99分。

　　然后到了最关键的时刻，球场上坐满了6.6万名球迷。球是在28码线上，比赛只剩下了几秒钟，球队把球推进到45码线上，但是根本就可以说没有时间了。"邓普西，进场踢球。"教练大声说。

　　当汤姆进场的时候，他知道他的队距离得分线有55码远，由巴第摩尔雄马队毕特·瑞奇踢出来的。

269

球传接得很好，邓普西一脚全力踢在球身上，球笔直地前进。但是踢得够远吗？6.6万名球迷屏住气观看，接着终端得分线上的裁判举起了双手，表示得了3分，球在球门横杆之上几英寸的地方越过，汤姆的队以19比17获胜。球迷狂呼乱叫，为踢得最远的一球而兴奋，这是只有半只脚和一只畸形的手的球员踢出来的！

"真是难以相信。"有人大声叫，但是邓普西只是微笑。他想起他的父母，他们一直告诉他的是他能做什么，而不是他不能做什么。在他的印象里，没有什么是不能做的。

如果做事之前就先把自己否定了，等于自己打败了自己，如果总是抱着"这根本不可能办到"的想法，那任何事情永远都不会成功。总之，碰到事情坚定自己的信念。千万不要犹豫不决，再困难的事情也会有一丝成功的希望。如果只是犹豫而不去做，那就真的不可能了。

毫不动摇地为梦想努力

犹豫摇摆会毁掉最简单的梦想，而坚定的行动却能把最伟大的理想变为现实，因此，如果你拥有一个梦想的话，就大胆地行动吧！

每个人都有"成功"的梦想，但梦与现实是不能画等号的，只有坚定地努力才能让梦成真。

许多人之所以失败，并不是他们没有能力、没有诚心、没有希望，而是因为他们没有坚定的决心，他们做起事来往往有头无尾，犹豫摇摆。他们怀疑自己是否能够成功，永远决定不了自己究竟要做哪一件事，有时他们看好了一种工作，以为绝对有成功的把握，但中途又觉得还是另一件事比较妥当顺利。他们有时对目前的地位心满意足，但不久又产生种种不满的情绪。这种人到头来总是以失败告终，对他们所做的事不仅别人不敢担保，而且连他们自己也毫无把握。

假如你不充分发挥自己的天赋和本能，那你永远不会有成功的一天。一个下定决心就不再动摇的人，无形之中能给人一种最可靠的保证，他做起事来一定肯于负责，一定有成功的希望。举个例子，一位建筑师画好图样之后，若完全依照图样，按部就班地去施工，一所理想的大厦不久就会成为实物；倘若这位建筑师一面建造，一面又把那张图样东改一下，西动一番，试问这幢大厦还有成功之日吗？因此，做任何事，事先应固定一个尽善的主意，一旦主意打定之后，就千万不能再犹豫了，应该遵照已经订好的计划，按部就班去做，不达目的绝不罢休。

世界上绝没有一个遇事迟疑不决而能成功的人。一个成功者绝不因受到任何阻挠而颓丧，他只知道盯住目标，勇往直前。

成功的秘诀其实非常简单：拥有一个梦想，毫不动摇地为梦想努力，这样成功就会属于你。

破釜沉舟才能绝处逢生

有一句成语叫作"置之死地而后生"，也就是说，斩断自己的后路，让自己陷入绝境中，往往可以创造出奇迹。人们做事时，总想着要给自己留条后路，进可攻，退可守。这是一种比较谨慎的做法，但这种做法常会导致一个人失去进取心，所以必要的时候，我们应该主动斩断自己的退路，破釜沉舟的人往往能够绝地逢生。

有一个年轻人大学毕业后开始求职，但由于他所学的专业实在太冷，半年过去了，仍未找到工作。他的老家在一个偏僻的山区，为了供他上大学，家里已经拿出了全部的钱，所以即使再没有钱，他也不好意思再向家里伸手了。

2000年6月的一天，他终于弹尽粮绝，在那个阳光和煦的午后，年轻人在大街上漫无目的地走着，路过一家大酒楼时，他停住了。他已经记不清有多久不曾吃过一顿有酒有菜的饱饭了。酒楼里那光亮整洁的餐桌，美味可口的佳肴，还有服务小姐温和礼貌的问候，令他无限向往。他的心中忽然升起一股不顾一切的勇气，于是便推开门走了进去，选一张靠窗的桌子坐下，然后从容地点菜。他要了一份南烧茄子和一份扬州炒饭，想了想，又要了一瓶啤酒。吃过饭后，又将剩下的酒一饮而尽，他借酒壮胆，努力做出镇定的样子对服务员说："麻烦你请经理出来一下，我有事找他谈。"

经理很快出来了，是个 40 多岁的中年人。年轻人开口便问："你们要雇人吗？我来打工行不行？"经理听后显然愣了："怎么想到这里来找工作呢？"他恳切地回答："我刚才吃得很饱，我希望每天都能吃饱。我已经没有一分钱了，如果你不雇我，我就没办法还你的饭钱了。如果你可以让我来这里打工，那你就有机会从我的工资中扣除今天的饭钱。"

酒楼经理忍不住笑了，向服务员要来他的点菜单看了看说："你不贪心，看来真的只是为了吃饱饭。这样吧，你先写个简历给我，看看可以给你安排个什么工作。"

此后这个年轻人开始了在这家酒店的打工生涯，历尽磨难，他从办公室文秘做到西餐部经理又做到酒店副总经理。再后来，他集资办起了自己的酒店。

遇到非常时期，人是要有点非常思维和非常勇气的。在最后的关头，唯有抱着破釜沉舟的决心，才能绝地逢生。故事中的年轻人敢到酒楼里吃"霸王餐"，并以一种奇特的方式向经理推荐自己，这都是因为他知道自己身无分文，已经没有退路了，因此才有了这种不顾一切的勇气，可以说他的成功其实是有一点偶然性的，我们可能永远都碰不上这样的情况，所以有时要拿出勇气斩断后路，让自己更快地走向成功。

李先生在 20 世纪 80 年代中期起创办了一个内衣厂，正赶上发展的好时候，那几年赚了不少钱，等到世纪末时，他的内衣厂规模已经非常大了，但利润却逐年下降，几乎到了入不敷出的地步，原因是内衣市场的竞争越来越激烈，而内衣厂生产的内衣已经跟不上时代潮流了。经过几天的反复琢磨，李先生决定破釜沉舟，大干一场。他不顾妻儿的反对，取出了所有的存款，然后召开了全厂职工大会，会上他果断地宣布停止现有内衣样式的生产，请设计人员重新设计新型内衣，全厂职工都可以提出自己的想法，设计被采纳的人，可获重奖，他沉重地说："这是我们最后的机会了，我拿出自己的全部存款搞设计，如果失败了，那么我就是一个一无所有的穷光蛋，而你们也将失业。但如果成功了，我就会按功行赏，你们的生活也就有了保障。失败得失在此一举，大家一起努力吧！"这件事使全厂上下都振奋起来，采购人员买来了市面上能找到的所有款式的内衣，设计人员不分昼夜搞设计，广大职工纷纷提出自己的看法，从样式、布料，再到裁剪，给设计人员提供了不少灵感，有时一天竟拿出20多套设计方案，一些职工还自发地跑上街头搞调研，看现在的女孩子究竟喜欢什么样的款式。而厂里的业务员更是拼尽全力拉客户。33天后，一批新款内衣设计完成了，一些客户已经开始订货了，厂里的工人又开始加班加点生产内衣……结果这些内衣一上市就受到了顾客好评：款式美观，质量好，价格适中。订货的客商像潮水一样涌来，李先生的内衣厂又复活了。

我们不得不佩服李先生的勇气和胆识，工厂陷入困境时，他本可以关闭工厂，遣散工人，这样做他还可以保住自己的存款，虽然失去了工厂，但一辈子还是可以衣食无忧。但他却不顾家人的反对，彻底断了自己的后路，跟员工一道为工厂的未来而努力奋斗，最终取得了辉煌的胜利。其实把自己推向绝路并不代表必死无疑，不给自己留下退路，就没有了多余的顾虑，必将勇敢前行，而人在面临危险、绝望之际，往往会爆发一股无穷大的威力，因此会取得出人意料的成功。

爱惜生命、物品和金钱是人类的天性，但如果面临危险或困难时，还受这种想法的局限，那你就会惨遭失败。"置之死地而后生，投之亡地而后存"，有时只有破釜沉舟，才能有柳暗花明的结果。